MS-DOS

TOUTES VERSIONS SOUS WINDOWS
(DE 98 À XP)

Chez le même éditeur

Dans la même collection

J. STEINER. – **Les fonctions d'Excel.**
N°11533, 2004, 552 pages.

J.-P. COUWENBERGH. – **3 ds max 6.**
N°11436, juillet 2004, 720 pages.

J. STEINER. – **Excel 2003.**
N°11434, 2004, 656 pages.

J. STEINER. – **Word 2003.**
N°11433, 2004, 480 pages.

S. BAILLY. – **Mac OS X v. 10.3 Panther.**
N°25504, 2004, 270 pages.

A. CAOUISSIN. – **Dreamweaver MX 2004.**
N°25501, 2004, 1032 pages.

B. FABROT. – **Linux Red Hat 9 et Fedora 1.0.**
N°25497, 2004, 330 pages.

J. PATERNOTTE. – **Illustrator CS.**
N°11442, 2004, 392 pages.

J.-M. CULOT. – **PHP 5.**
N°11487, 2004, 390 pages.

J.-P. COUWENBERGH. – **AutoCAD 2004.**
N°25499, 2003, 736 pages.

J.-P. COUWENBERGH. – **Guide complet
et pratique de la couleur.**
N°25489, 2003, 402 pages.

J.-M. CULOT. – **Apache 2.**
N°25490, 2003, 320 pages.

Dans la collection **Aide-mémoire**

T. LEVANT. – **C++.**
N°11441, 2004, 552 pages.

J.-P. COUWENBERGH. – **AutoCAD 2004.**
N°11440, 2004, 496 pages.

C. SZAIBRUM. – **ActionScript pour
Flash MX et Flash MX 2004.**
N°25495, 2004, 538 pages.

B. FABROT. – **UNIX pour Mac OS X.**
N°25492, 2003, 256 pages.

P. BEUZIT. – **CSS2.**
N°25479, 2003, 222 pages.

J.-P. MESTERS. – **JavaScript.**
N°25469, 2003, 654 pages.

P. BEUZIT. – **HTML 4 et CSS.**
N°25461, 2003, 256 pages.

J.-M. AQUILINA. – **MySQL.**
N°25460, 2003, 384 pages.

J.-M. AQUILINA. – **PHP 4.**
N°11202, 2003, 416 pages.

VIRGA

GUIDE DE RÉFÉRENCE

MS-DOS

TOUTES VERSIONS SOUS WINDOWS
(DE 98 À XP)

OEM
EYROLLES

Editions OEM-Eyrolles
61, Bld Saint-Germain
75240 Paris Cedex 05
www.editions-eyrolles.com

Direction de la collection « Guide de référence » : gheorghi@grigorieff.com
Maquette : M2M
Mise en pages : bernard@fabrot.com

Sommaire

INTRODUCTION

Le MS-DOS, qu'on se contente généralement d'appeler « DOS », était, à l'origine, un système d'exploitation. DOS signifie *Disk Operating System* tandis que les initiales « MS » furent rajoutées au nom en 1981, lorsque Microsoft acheta le DOS à Seattle Computer.

A l'heure actuelle, le DOS existe toujours. Qu'il s'agisse de Windows 95, 98, Millennium, NT, 2000 ou XP : tous possèdent au moins un interpréteur de commandes DOS. Le DOS ne joue plus un rôle central : ce n'est plus lui le système d'exploitation. Un noyau (*kernel*) s'occupe de gérer les entrées/sorties (disque dur, clavier, écran, réseau, etc.) tandis que le DOS sert à exécuter des commandes, généralement appelées « commandes DOS ».

Contrairement à Windows, le DOS ne dispose pas d'une interface graphique : tout se fait « en mode texte ». Il existe de nombreuses commandes DOS et il est même possible, en les plaçant dans des fichiers de commandes, de les combiner pour écrire de véritable petits programmes.

Tout au long de cet ouvrage nous allons apprendre comment fonctionne le DOS et quelles en sont ses commandes mais auparavant, commençons par une brève présentation de ce vénérable DOS.

Il ne faut pas confondre le terme DOS (et MS-DOS) avec un autre terme qu'on rencontre souvent dans la littérature informatique : DoS. DoS signifie *Denial of Service*, traduit en français par « déni de service ». Un DoS ou DDoS (*Distributed DoS*) est une attaque informatique consistant à rendre une machine (telle un serveur Web) indisponible.

L'histoire du MS-DOS

L'histoire du MS-DOS commence en 1980, lorsque IBM cherche un système d'exploitation pouvant être fourni avec ses ordinateurs de type « 8086 ». IBM passe une commande à deux jeunes informaticiens : Paul Allen et Bill Gates. Ces derniers achètent le DOS et les droits d'exploitation du DOS à Seattle Computer, société pour laquelle travaillait Tim Paterson, véritable créateur du DOS.

▶ Version 1.0 (1981)

Après avoir acheté le DOS et y avoir apporté quelques modifications mineures, Microsoft sort la première version du DOS en août 1981. Ce DOS permet d'accéder à des disquettes dites « 5 pouces 1/4 » simple face, soit 160 Ko de données par disquette.

▶ Versions 1.24 et 1.25 (1982)

Il s'agit des premières versions commercialisées du DOS, qui étaient notamment fournies, à la demande, avec les ordinateurs d'IBM. A cette époque, IBM offrait aux acheteurs de PC le choix entre le DOS, ou un autre système d'exploitation : le CP/M. Les disquettes « double face » sont à présent gérées : on peut placer jusqu'à 360 Ko de données par disquette : la « course à l'armement » commence.

▶ Version 2.0 (1983)

La version 2.0 du DOS est fournie par défaut avec les nouveaux ordinateurs de type « PC XT » d'IBM. Les disques durs sont à présent gérés (jusqu'à une taille maximale de 10 Mo).

> Il est étonnant de constater que le DOS, à présent vieux de près de 25 ans, soit encore disponible sur tous les systèmes d'exploitation de type Windows vendus à l'heure actuelle. Il est encore plus étonnant que certains très vieux programmes ou fichiers batch DOS fonctionnent à la perfection sur des ordinateurs n'ayant plus grand chose à voir avec les premiers PC.

▶ Version 3.0 (1984)

La version 3.0 sort en 1984 : les disques durs peuvent contenir jusqu'à 40 Mo tandis que les disquettes peuvent contenir jusqu'à 1,2 Mo de données. Une version 3.1, qui permet de gérer les premiers réseaux locaux, sort peu après tandis qu'il faudra attendre 1986 pour voir apparaître la version 3.2, supportant les premières disquettes de type «3 pouces 1/2 ».

▶ Windows 1.0 (1985)

Indépendamment du DOS, Microsoft sort en 1985 la toute première version de Windows. Le concept de l' « interface graphique » avait été présenté par Xerox en 1981 tandis qu'Apple commercialisait déjà depuis plusieurs années un ordinateur pouvant être piloté uniquement « à la souris ».

▶ Version 3.3 (1987)

Cette version sort d'abord chez IBM, en même temps que les ordinateurs de la gamme « PS/2 ». Elle offre toujours plus de commandes, supporte des disques durs pouvant contenir jusqu'à 128 Mo et permet, pour la première fois, d'accéder à 1,44 Mo sur les disquettes de types 3" 1/2.

Presque vingt ans plus tard, la majorité des PC présents chez les particuliers sont toujours équipés de ce même lecteur de disquettes et on y place toujours 1,44 Mo de données...

▶ Version 4.0 (1988)

La version 4.0 est disponible, ainsi que Windows 2.0. Apple, estimant que Windows 2.0 n'est qu'une pâle copie de leur interface graphique, intente un procès à Microsoft.

▶ Version 5.0 (1991)

La version 5.0 offre plusieurs nouveautés et une gestion nettement plus optimisée de la mémoire. L'interface graphique de Microsoft étant disponible à cette époque, Windows 3.0, a été entièrement repensée et est infiniment plus conviviale. Les versions 5.0 du DOS et 3.0 de Windows peuvent être considérées comme le début de « l'ère moderne ».

▸ Version 6.0 (1993)

Le MS-DOS 6.0 sort en 1993 et il s'agira de la dernière révision majeure du DOS : Microsoft ne sortira pas de MS-DOS 7.0. Deux mois après la sortie du DOS 6.0, on voit apparaître Windows NT 3.1. Visuellement, Windows NT ressemble assez fort à Windows 3.1, mais les versions « NT » (pour *New Technology*) sont basées sur un noyau 32 bits, nettement plus robuste.

▸ Version 6.22 (1994)

La dernière version du MS-DOS sort en 1994 : il s'agit d'une révision mineure apportant, principalement, un nouvel utilitaire de compression de disque nommé DriveSpace.

▸ Windows 95 (1995)

A présent le DOS n'est plus distribué qu'avec Windows. Le DOS est toujours bel et bien présent : il est même possible de démarrer « en mode DOS », sans se retrouver dans l'interface graphique.

Il est à noter que Windows 95 supporte les noms de fichiers dits « longs » (c'est-à-dire de plus de 8 caractères) tandis que ce type de nomenclature des fichiers n'est pas supporté par le DOS. Toute une série de nouveaux problèmes se présentent aux utilisateurs qui veulent continuer à utiliser leur « bon vieux DOS ». En 1997, la version OSR 2.1 de Windows 95 représente une étape particulièrement importante : les périphériques de type USB et les cartes graphiques utilisant le bus AGP sont supportés pour la première fois par Microsoft.

▸ Windows 98 (1998)

La version « 98 » de Windows est une évolution mineure par rapport à Windows 95.

La principale nouveauté réside dans la version 4.0 d'Internet Explorer fournie avec ce système. Le DOS est toujours présent, et il est toujours possible de démarrer le DOS en « mode réel » (nous reviendrons plus tard sur ce mode). La deuxième édition de Windows 98 sort en 1999.

▶ **Windows Millennium (2000)**

Windows Millennium est la dernière version de Windows à être basée sur Windows 95. Il existe toutefois une différence importante : le DOS n'est plus accessible en mode réel.

> Si vous possédez Windows Millennium et que vous désirez absolument accéder au DOS en mode réel, il existe un utilitaire appelé « Real DOS-Mode patch for Windows ME », disponible gratuitement sur Internet, qui rétablit le DOS en mode réel. La page Web de son auteur changeant régulièrement d'adresse, le plus simple pour se le procurer consiste donc à ouvrir un moteur de recherche Internet et à y entrer les termes suivants :
>
> « Real DOS-Mode patch for Windows ME »

▶ **Windows 2000 (2000)**

Windows 2000 est le successeur de Windows NT. Il incorpore de nombreuses technologies jusqu'alors réservée aux séries 95 et 98 de Windows : le support du Plug and Play, des ports USB, l'inclusion DirectX, etc. A présent le noyau « 32 bits » de Windows est prêt pour le grand public : la gamme Windows 95/98/Millennium peut s'éteindre et la prochaine version de Windows pour les particuliers sera basée sur Windows 2000 et s'appellera Windows XP. Windows 2000 et XP ne possèdent plus de DOS en mode dit réel.

Les autres DOS

Pendant tout un temps, de nombreux systèmes DOS ont coexisté. IBM, par exemple, commercialisait le DOS sous le nom de PC-DOS. On peut encore citer DR-DOS qui était un concurrent sérieux de MS-DOS jusqu'à l'apparition de Windows 3.0. A ce moment, Microsoft a tout mis en œuvre pour faire disparaître les produits de la concurrence : Windows 3.0 et 3.1 avaient été truffés d'instructions malicieuses les rendant impossible à exécuter sous DR-DOS. Plusieurs années plus tard, la société Caldera, ayant racheté les droits de DR-DOS, attaqua Microsoft en justice pour réparer ce préjudice.

Le rôle du DOS

Au départ, le DOS jouait un rôle central puisqu'il représentait le véritable système d'exploitation. Tout se réalisait par l'intermédiaire de commandes DOS : la création des fichiers, leur manipulation, l'organisation du disque dur, le lancement des différents logiciels, etc. Lors de l'apparition des premières interfaces graphiques, le DOS jouait toujours un rôle important : il était sous-jacent à l'interface graphique. Par exemple, lorsqu'on travaillait avec la combinaison DOS 6.22 / Windows 3.0, il n'était pas rare de travailler quelque peu sous DOS, puis de lancer, depuis le DOS, l'interface graphique (par exemple le temps d'écrire une lettre). Depuis les versions 2000 et XP de Windows, le DOS n'est plus indispensable au bon fonctionnement du système : le système d'exploitation dispose de son propre noyau. Mais, lorsqu'on en a besoin, il est toujours possible d'ouvrir « une fenêtre DOS » et d'avoir recours à ses services.

Les différents modes du DOS

Pour comprendre quelles sont les différentes versions du DOS, voici une brève explication de ce que sont les modes 16 bits, 32 bits, réel et protégé. Sans trop entrer dans les détails techniques, on peut dire que les PC, jusqu'au 386 (voir note), ne supportaient que les processeurs de type 16 bits. Les premiers processeurs de type 32 bits, pour permettre une transition en douceur, pouvaient fonctionner en mode 16 bits, appelé « mode réel » ou en mode 32 bits, appelé « mode protégé ».

Toutes les versions du DOS, jusqu'à la version 6.22, sont prévues pour fonctionner en mode réel. Depuis l'apparition de Windows 2000, il n'est plus possible d'avoir accès au DOS en mode réel : ce qui n'empêche pas pour autant de lancer le DOS sans Windows. Windows 2000 et ses successeurs ne fonctionnent qu'en mode 32 bits et le DOS n'est donc plus le véritable maître du système.

- Le mode réel a été ainsi nommé pour le différencier du mode protégé apparu avec les PC de type 80386. Le mode réel est beaucoup plus limité : la gestion d'une grande quantité de mémoire y est nettement plus compliquée et l'exécution simultanée de plusieurs applications (multitâche) n'y est pas possible.

- Les ordinateurs de type PC ont été nommés pendant bien longtemps d'après le type de leur processeur : 8086 pour la première génération de processeurs 16 bits, puis 80186, 80286, 80386, 80486, 80586, etc. Le 80386 (ou simplement « 386 ») a été le premier processeur pour PC à supporter un mode 32 bits (avec, dans un premier temps, le « 386 SX » qui était encore un processeur hybride 16/32 bits). A présent on ne nomme plus les PC de cette façon mais on retrouve néanmoins souvent le terme « x86 » pour signifier « tous les ordinateurs de type PC ».

- Avant l'apparition du mode protégé des processeurs 32 bits, il était impossible d'empêcher qu'un utilisateur ou une application ne prenne le contrôle de tout le système. Depuis le 386 il est, en théorie, possible d'interdire à un programme tel un virus de s'approprier le contrôle du système. Dans la pratique, il en va autrement : certains systèmes d'exploitation sont très fortement sécurisés (tel OpenBSD, un système de type Unix disponible pour les ordinateurs de type x86), d'autres relativement bien sécurisés (tel Linux) et d'autres, enfin, succombent constamment aux attaques de virus, chevaux de Troie et autres « malware » en tout genre.

L'utilité du DOS

Alors même que toutes les tâches courantes peuvent être effectuées à l'aide d'une interface graphique, il existe de multiples raisons pour vouloir encore utiliser le DOS.

Par exemple, il arrive qu'une « vieille » application ne soit plus commercialisée et n'existe pas sous Windows. Dès lors, pour pouvoir continuer à l'utiliser, il faut soit le « vieil ordinateur » allant de pair avec cette application, soit recourir à l'une ou l'autre forme d'émulation. Il existe ainsi encore aujourd'hui de nombreuses personnes trop habituées à une application pour s'en passer. Par exemple, certaines personnes continuent de préférer

Wordperfect 5.1 alors même que des logiciels modernes de traitement de texte (tels Office ou OpenOffice) sont nettement plus conviviaux.

Il en va de même pour certains logiciels de gestion de finance personnelle. Il n'est pas rare, non plus, de trouver dans l'un ou l'autre commerce une application comptable faite « sur mesure » sous DOS, qui remplit toujours parfaitement sa fonction et qui tourne dans une fenêtre d'émulation MS-DOS ! Enfin, dans le registre des « vieilles applications », il existe de nombreux nostalgiques des vieux jeux vidéo qui aiment revenir, de temps à autre, à un vieux « hit » d'antan (ce phénomène est d'ailleurs tellement répandu qu'on lui a donné un nom : on appelle cela du « retro-gaming »).

Un autre cas où il est bien utile de connaître le DOS et quelques-unes de ses commandes se présente lorsqu'il faut réparer un système Windows en difficulté. Il est ainsi possible, dans certains cas, d'utiliser une disquette de

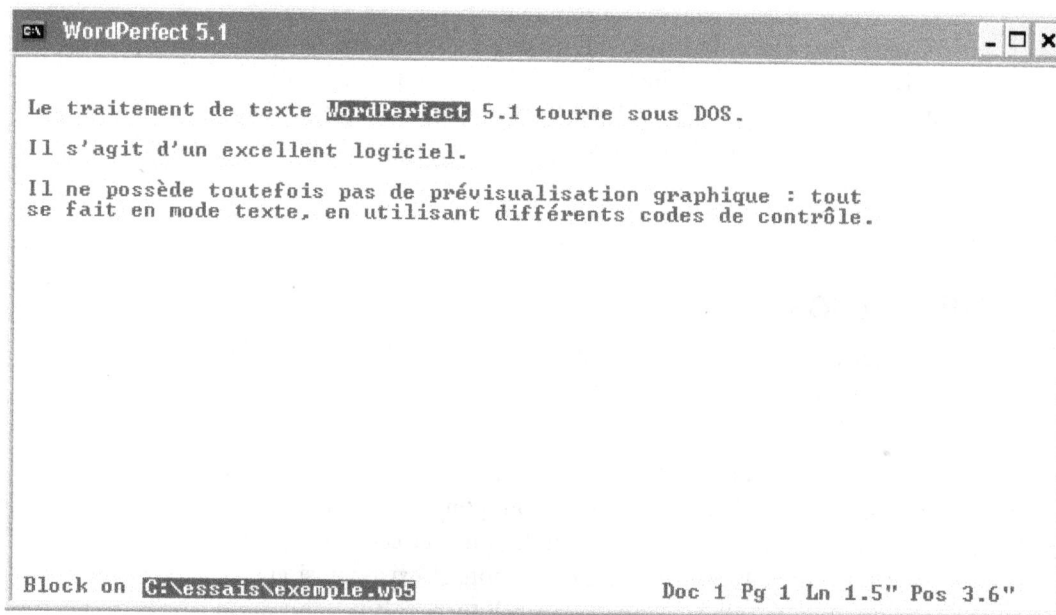

```
WordPerfect 5.1                                              _ □ ✕

Le traitement de texte WordPerfect 5.1 tourne sous DOS.

Il s'agit d'un excellent logiciel.

Il ne possède toutefois pas de prévisualisation graphique : tout
se fait en mode texte, en utilisant différents codes de contrôle.




Block on  C:\essais\exemple.wp5              Doc 1 Pg 1 Ln 1.5" Pos 3.6"
```

Le traitement de texte WordPerfect 5.1 sous DOS présente une interface pour le moins dépouillée comparé aux traitements de texte modernes.

démarrage MS-DOS puis d'accéder à des fichiers présents sur le disque dur ou d'utiliser cette disquette de démarrage pour lancer un utilitaire de sauvegarde ou de restauration du disque dur. Par exemple, pour ceux qui aiment effectuer régulièrement une image complète de leur système, il existe une version DOS de Norton Ghost pouvant copier ou réinstaller l'intégralité d'un système Windows (95, 98, Millennium 2000 ou XP) en quelques minutes. De même, les commandes DOS peuvent se révéler fort pratiques pour formater ou pour modifier la table de partitions d'un disque dur.

Un ancien jeu tourne ici dans un émulateur MS-DOS.

Enfin, les commandes DOS et, surtout, l'enchaînement de quelques commandes DOS, permettent de réaliser simplement certaines procédures qui seraient fastidieuses à exécuter depuis l'interface graphique. Nous verrons ainsi comment un script de commandes DOS permet de réaliser automatiquement une copie de sauvegarde de certains documents importants sur une clé USB.

Les autres shells

Le DOS reçoit ses commandes par l'intermédiaire d'une invite (prompt en anglais). Ce principe n'est pas propre au DOS : les différents shells Unix, par exemple, fonctionnent suivant un principe similaire. Certaines commandes sont d'ailleurs parfois identiques ou se ressemblent fortement (par exemple *cp* pour *copy* et *ipconfig* pour *ifconfig*) tandis que d'autres sont propres à l'un ou à l'autre système. L'appellation « shell » est parfois utilisée pour qualifier l'invite de commandes du DOS mais c'est une erreur car certaines versions du DOS étaient fournies avec un shell (utilitaire DOS disposant d'une interface graphique facilitant la maintenance du système).

CHAPITRE 1
L'ACCÈS AU MS-DOS

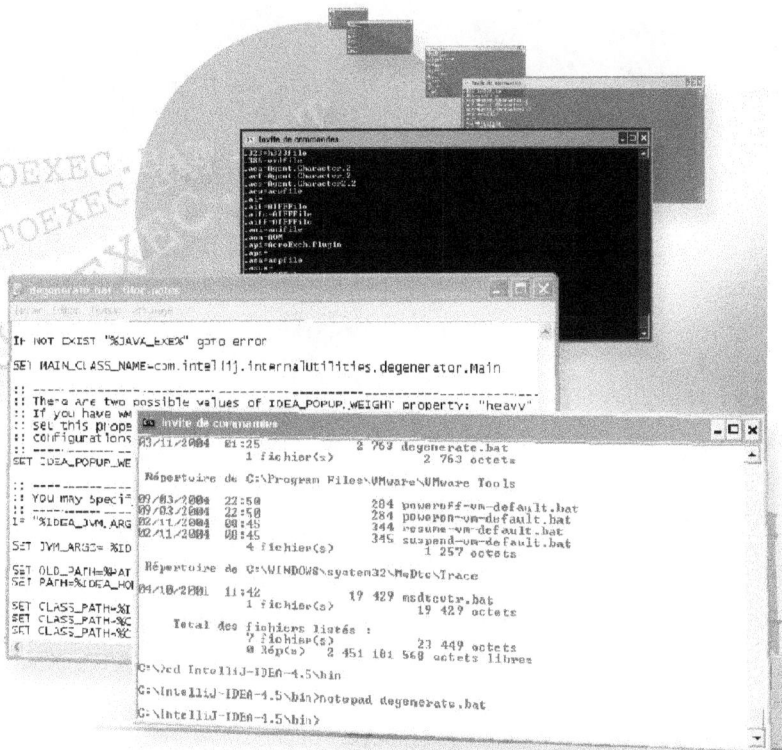

Nous avons vu dans l'introduction que le DOS se décline en différentes versions. Il existe donc, forcément, différentes façons d'y accéder : à l'aide d'une disquette, en démarrant ou en redémarrant en mode DOS, en ouvrant une fenêtre DOS, etc. Ce chapitre sera consacré aux multiples façons d'accéder aux DOS, depuis les différentes versions de Windows. L'apprentissage du DOS proprement dit et de ses commandes ne commencera qu'au chapitre suivant.

Les DOS avant l'apparition de Windows

Accéder au DOS sur un PC équipé du DOS mais pas de Windows est trivial : il suffit d'allumer l'ordinateur et celui-ci lance le DOS. On se retrouve alors devant la fameuse invite de commandes :

    C:>

- Sur les anciens PC, le DOS a toujours été relativement rapide au démarrage. Il suffisait d'attendre quelques instants pour se voir présenter l'invite de commandes. Lorsqu'on démarre un ancien DOS, tel le DOS 6.22, sur un PC moderne, l'affichage de l'invite est presque instantané (ce qui change de Windows !).

- Nous ne vous conseillons pas de faire vos premiers pas sous DOS sur un PC équipé uniquement du DOS : vous risqueriez de vous retrouver bloqué à cause d'un détail. Si cela vous arrive dans une fenêtre DOS, sous Windows, vous pouvez toujours essayer de contourner le problème à l'aide de Windows.

```
C:\>ver

MS-DOS Version 6.22


C:\>_
```

L'invite de commandes minimaliste d'un PC équipé du DOS 6.

Le DOS sous Windows 95 et Windows 98

Les versions 95 et 98 de Windows permettent d'accéder au DOS des trois façons suivantes :

1 en ouvrant la fenêtre nommée « Commandes MS-DOS » ;

2 en demandant au système de passer dans le mode DOS ;

3 en utilisant une disquette de démarrage DOS juste après avoir allumé le PC.

La fenêtre MS-DOS

Lorsque Windows est démarré, on peut accéder à une fenêtre DOS en se rendant dans le menu Démarrer, puis dans Programme et en cliquant ensuite sur Commandes MS-DOS.

Windows affiche à ce moment une fenêtre DOS et on se retrouve devant l'invite de commandes « C:\ ». La plupart des commandes DOS peuvent être utilisées dans cette version du DOS.

Sous Windows 98, le système indique, lors de l'appel de la commande *ver*, qu'il s'agit de la version « Windows 98 [4.10.2222] » (c'est-à-dire Windows 98 Deuxième édition).

Cette version du DOS tourne dans une machine virtuelle et il est possible de lancer simultanément plusieurs fenêtres de commandes DOS, chaque DOS disposant alors de sa propre machine virtuelle.

Etant donné qu'il s'agit d'un DOS émulé et non natif, il y a certaines commandes qu'il vaut mieux ne pas utiliser (tel *defrag, undelete, scandisk,* etc.). Si vous avez besoin de ces commandes, vous devez demander à passer dans le mode DOS.

Notez que le raccourci ‹ALT›+‹TAB› permettant de passer d'une fenêtre à l'autre fonctionne également avec la fenêtre DOS et qu'il est possible de passer en mode *plein écran* à l'aide du raccourci ‹ALT›+‹ENTRÉE›. Ne confondez toutefois pas ce mode plein écran avec le mode DOS réel : en appuyant une nouvelle fois sur ‹ALT›+‹TAB›, vous retournez dans l'interface graphique qui était simplement masquée par la fenêtre occupant tout l'écran.

Vous pouvez personnaliser la fenêtre MS-DOS en vous rendant dans le menu *Propriétés* (accessible à l'aide d'un clic droit sur la barre de titre de la fenêtre). Il est ainsi possible, par exemple, de demander à ce que le système utilise une autre police de caractères.

Si vous désirez que ces changements soit permanents ou si, tout simplement, vous voulez une icône DOS sur votre bureau, vous pouvez demander

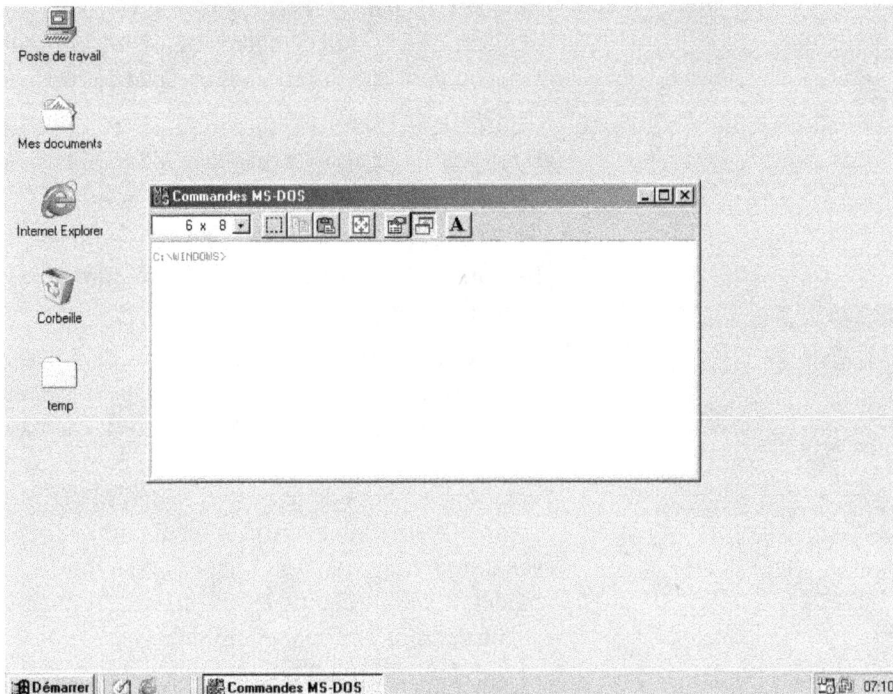

La fenêtre MS-DOS de Windows 98.

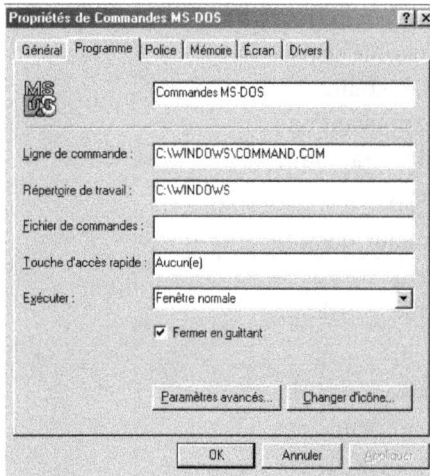

Les propriétés d'un raccourci sur le bureau permettant de lancer directement le DOS.

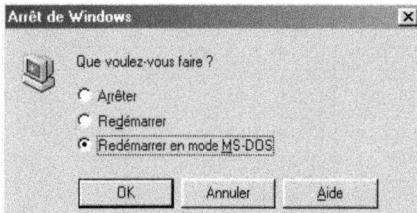

La fenêtre «Arrête de Windows » permet de redémarrer en mode DOS.

à créer un nouveau raccourci puis, éventuellement, changer ses paramètres de configuration :

▶ effectuez un clic droit sur le Bureau puis choisissez Nouveau, puis *Raccourci* ;

▶ entrez « c:\windows\command.com » comme nom de commande à exécuter.

Un raccourci apparaît alors sur le Bureau et vous pouvez en modifier les propriétés.

Le mode MS-DOS

Sous Windows 95 et 98, il est également possible d'accéder uniquement au DOS, sans passer par l'interface graphique. Cela peut être utile, par exemple, pour lancer une application DOS qui demanderait le contrôle total du système ou pour lancer certaines commandes permettant de dépanner le système.

Il est possible d'accéder au mode MS-DOS en se rendant dans le menu *Démarrer* puis en choisissant *Arrêter* puis en demandant de « Redémarrer en mode MS-DOS ».

La commande *exit* permet ensuite de quitter ce mode et de redémarrer l'interface graphique.

Il est également possible d'accéder à ce mode DOS en interrompant le démarrage de Windows : pour cela il faut appuyer sur la touche ⟨F8⟩ durant le démarrage de Windows. Vous avez alors accès à un menu qui propose, notamment, de « démarrer en mode MS-DOS uniquement » (il est également possible d'utiliser la combinaison de touches ⟨MAJ⟩+⟨F5⟩ pour accéder directement à ce mode). Il suffit ensuite de redémarrer l'ordinateur pour retourner sous l'interface graphique.

La disquette de démarrage

Sous Windows 95 et 98, il est possible de créer une disquette de démarrage.
Pour ce faire, rendez-vous dans *Démarrer* / *Paramètres* / *Panneau de configu-*
ration / *Ajout* / *Suppression*
de programmes, puis insérez
une disquette dans le lecteur
et cliquez sur l'onglet
Disquette de démarrage.

Après cette manipulation,
vous disposerez d'une disquette de démarrage contenant un DOS ainsi que certaines commandes permet-
tant de dépanner le système
(telle la commande *fdisk* qui
permet de manipuler les partitions du disque dur).

Lorsqu'on se sert de cette disquette pour démarrer le système, il n'y a pas d'interface graphique et il n'est pas possible
d'utiliser les applications
32 bits de Windows.

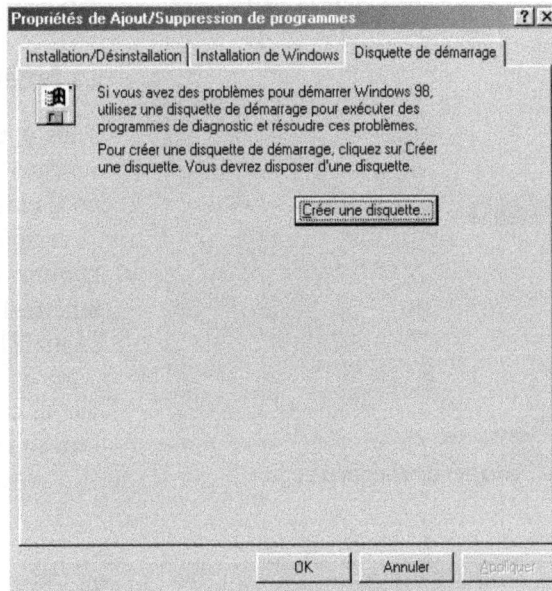

La création d'une disquette de démarrage.

- La disquette de démarrage créée par Windows 95 ou par Windows 98 peut très bien être utilisée sur un système équipé de Windows 2000 ou bien de Windows XP. Sachez toutefois que seules les partitions au for- mat FAT32 seront reconnues.
- Pour ceux qui n'ont jamais utilisé un ancien DOS, la disquette de démarrage représente un excellent moyen de se représenter à quoi ressemblaient les PC d' « avant » Windows.

L'accès au DOS sous Windows 2000

Tout comme pour les précédentes versions de Windows, il y a moyen, sous Windows 2000, d'accéder au DOS. Il n'est toutefois plus possible d'obtenir uniquement le DOS : le véritable noyau du système est à présent un noyau 32 bits et seule une fenêtre DOS est disponible.

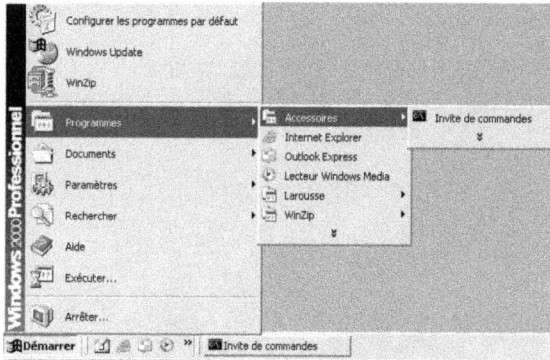

La fenêtre d'émulation DOS

Vous pouvez lancer une fenêtre DOS en vous rendant dans le menu *Démarrer* de Windows 2000 puis en cliquant sur *Programmes*, puis sur *Accessoires* et en choisissant alors *invite de commandes*. Vous verrez alors apparaître une fenêtre DOS et vous pourrez constater qu'il s'agit de la version « Windows 2000 » du DOS.

Sur la capture d'écran ci-dessous, l'utilisateur Jean appelle la commande *ver* et se voit informé

Le menu Démarrer de Windows 2000.

La commande *ver* donne la version du DOS.

qu'il utilise la version 5.00.2195 de Windows 2000 (c'est-à-dire Windows 2000 avec le *Service Pack 4*).

Le mode sans échec

Tout comme sous Windows 98, il est possible d'interrompre le démarrage de Windows, peu après avoir allumé le PC, pour demander au système d'obtenir une « invite de commandes ». Il s'agit en fait, plus précisément, d'une «invite de commandes en mode sans échec », dont le seul but est de dépanner le système. Pour obtenir le menu permettant d'effectuer cette sélection, il faut appuyer sur la touche <F8> durant le démarrage de Windows.

Vous vous retrouvez alors devant un système assez particulier... Windows 2000 est bel et bien démarré (on peut même constater la présence du pointeur de la souris), mais vous n'avez accès qu'à une seule fenêtre : celle contenant le DOS.

Il s'agit également d'un DOS 32 bits, le DOS « 16 bits » n'étant disponible qu'en mode d'émulation.

```
Menu d'options avancées de Windows 2000
Sélectionnez une option :

    Mode sans échec
    Mode sans échec avec prise en charge réseau
    Invite de commandes en mode sans échec

    Inscrire les événements de démarrage dans le journal
    Démarrage en mode VGA
    Dernière bonne configuration connue
    Mode restauration Active Directory (contrôleurs de dom. Windows 2000)
    Mode débogage

    Démarrer normalement
    Revenir au menu de sélection du système d'exploitation

Utilisez ↑ et ↓ pour mettre votre choix en surbrillance.
Appuyez sur ENTRÉE lorsque votre choix est fait.
```

Le menu de démarrage « caché » de Windows 2000.

L'invocation de l'ancien command.com

Il est possible d'appeler l'ancien DOS, le fameux *command.com*, depuis l'invite de commandes en ligne.

Pour ce faire, il suffit d'entrer « command.com » à l'invite :

```
Microsoft Windows 2000 [Version 5.00.2195]
(C) Copyright 1985-2000 Microsoft Corp.

C:\Documents and Settings\Jean>  command.com
Microsoft(R) Windows DOS
(C)Copyright Microsoft Corp 1990-1999

C:\DOCUME~1\JEAN>
```

On peut constater ci-dessus qu'après avoir invoqué la commande *command.com* on se retrouve dans un «Windows DOS ». Il s'agit d'une émulation des DOS datant d'avant Windows 2000.

- En passant du DOS de Windows 2000 au command.com, on peut constater que le répertoire nommé *Documents and Settings* (même s'il s'agit d'une version française de Windows 2000) devient momentanément *docume~1*. Il s'agit là d'une limitation des premières versions du DOS concernant la nomenclature des fichiers. Nous reviendrons en détail sur ce problème au quatrième chapitre – *Les fichiers et les dossiers*.

- La compatibilité du *command.com* intégré dans Windows 2000 est plutôt bonne : la plupart des anciens fichiers batch et des programmes DOS fonctionneront parfaitement. Si certains programmes s'y refusent malgré tout, vous avez toujours la possibilité d'essayer un autre émulateur ou d'installer, en plus de Windows, le DOS sur votre système.

Enfin, il est également possible de démarrer un PC équipé de Windows 2000 à l'aide d'une disquette DOS, telle la disquette de démarrage créée par Windows 98. Dans ce cas, le système présent sur le disque dur est contourné et c'est le système minimaliste, en provenance de la disquette, qui est exécuté. Vous pourrez même avoir accès aux fichiers de Windows 2000 présents sur le disque dur si l'une des partitions est au format FAT32 (nous verrons plus loin que le format FAT était d'abord utilisé par le DOS puis par Windows 95 et que ce type de partitions existe toujours sous Windows 2000 et sous Windows XP).

L'accès au DOS sous Windows XP

Windows XP étant basé sur le même noyau que Windows 2000, l'accès au DOS sur ces deux systèmes se révèle fort similaire.

La fenêtre DOS

Pour obtenir une fenêtre DOS sous Windows XP, il suffit de se rendre dans le menu *Tous les programmes* puis *Accessoires* puis *Invite de commandes*.

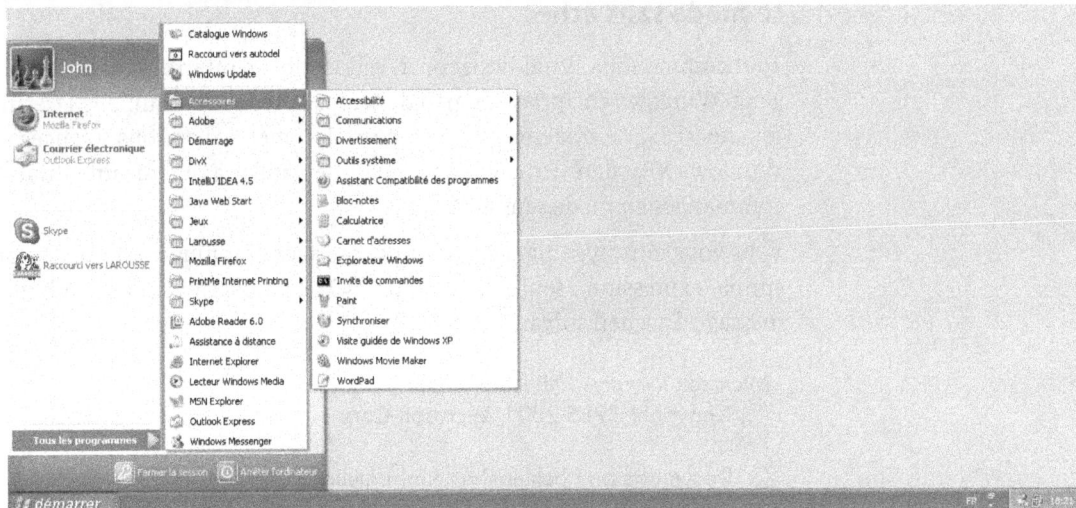

Le menu Démarrer de Windows XP.

Vous pouvez également demander, toujours depuis le menu *Démarrer*, à exécuter la commande *cmd.exe* : cliquez sur *Démarrer*, puis sur *Exécuter*, puis entrez « cmd » (« cmd » suffit, il n'est pas nécessaire d'entrer « cmd.exe »), comme indiqué sur la capture d'écran ci-dessous.

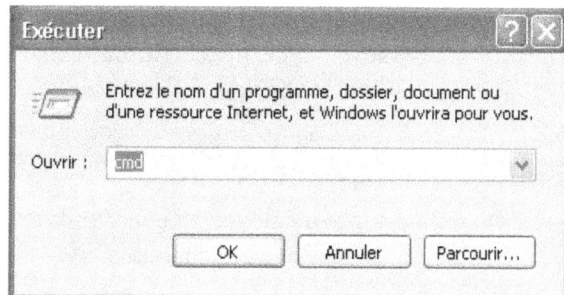

Le lancement de la commande *cmd.exe*.

Le mode sans échec

Tout comme sous Windows 2000, il est possible d'interrompre le démarrage de Windows en appuyant, peu de temps après avoir allumé le PC, sur la touche <F8>. Le système propose alors le «menu d'options avancées de Windows XP » dans lequel vous pouvez demander à obtenir une invite de commandes en mode sans échec.

Vous vous retrouvez alors devant une interface graphique réduite à sa plus simple expression : seule une fenêtre DOS est ouverte. Celle-ci indique le message d'accueil suivant :

```
Microsoft Windows XP [version 5.1.2600]
(C) Copyright 1985-2001 Microsoft Corp.

C:\Documents and Settings\Administrateur>
```

Ce DOS est un DOS 32 bits depuis lequel vous pouvez lancer non seulement des commandes DOS mais également des programmes spécifiques à Windows XP (en entrant simplement leur nom à l'invite).

Sur la capture d'écran ci-dessous, on peut constater que le programme *regedit* a été lancé depuis le DOS.

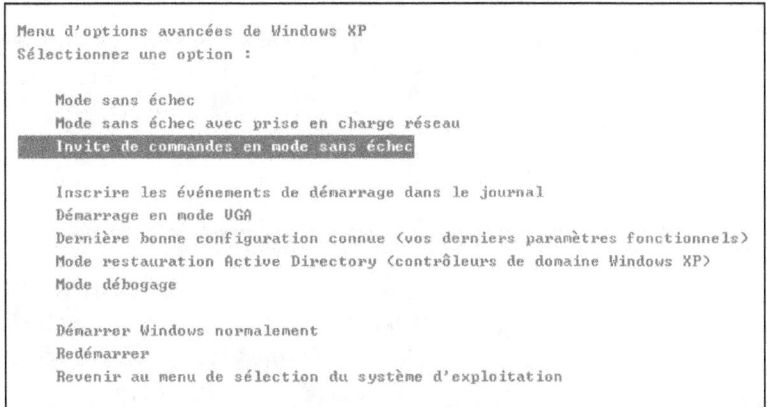

```
Menu d'options avancées de Windows XP
Sélectionnez une option :

    Mode sans échec
    Mode sans échec avec prise en charge réseau
    Invite de commandes en mode sans échec

    Inscrire les événements de démarrage dans le journal
    Démarrage en mode UGA
    Dernière bonne configuration connue (vos derniers paramètres fonctionnels)
    Mode restauration Active Directory (contrôleurs de domaine Windows XP)
    Mode débogage

    Démarrer Windows normalement
    Redémarrer
    Revenir au menu de sélection du système d'exploitation
```

Le menu des options avancées de Windows XP.

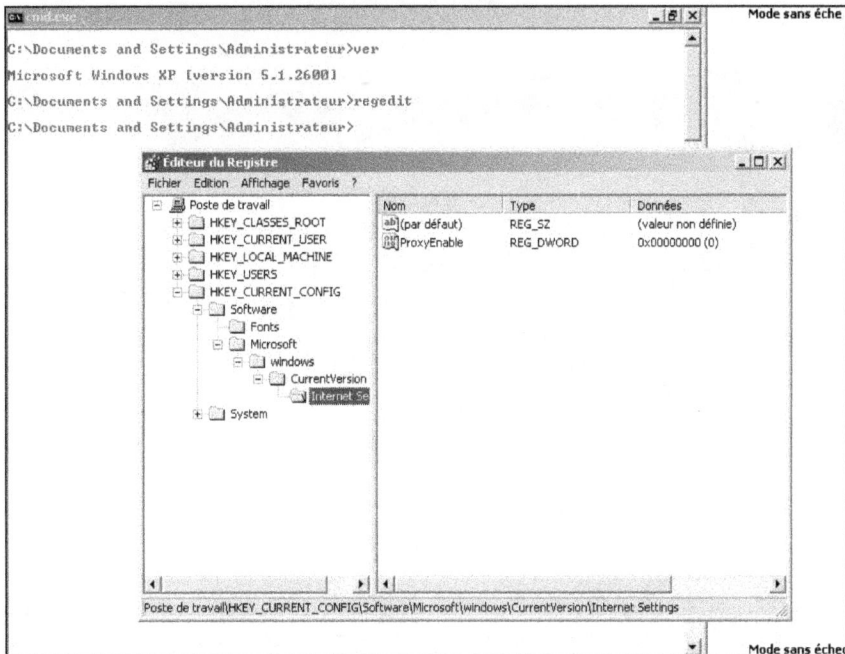

L'utilitaire regedit lancé depuis le DOS de l'invite
de commandes en mode sans échec.

> Le numéro de version 5.1.2600 correspond ici à une version
> « Windows XP Professionnel » sans aucun service pack d'installé.

Les fichiers cmd.exe et command.com

Avant de terminer de chapitre, il est important de bien comprendre qu'il existe une différence majeure entre les anciennes versions du DOS et celles présentes sous les dernières versions de Windows. Sous Windows 2000 et Windows XP, le DOS ne joue plus un rôle central : il n'y a pas, contrairement aux anciennes versions, de DOS « en dessous » de Windows. Il y a cependant une invite de commandes DOS accessible *depuis* Windows. Cette invite de commandes en ligne nécessite Windows pour pouvoir fonctionner.

```
Invite de commandes - cmd - cmd - cmd - command                          _ □ ✕
Microsoft Windows XP [version 5.1.2600]
(C) Copyright 1985-2001 Microsoft Corp.

C:\Documents and Settings\John>cmd
Microsoft Windows XP [version 5.1.2600]
(C) Copyright 1985-2001 Microsoft Corp.

C:\Documents and Settings\John>cmd
Microsoft Windows XP [version 5.1.2600]
(C) Copyright 1985-2001 Microsoft Corp.

C:\Documents and Settings\John>cmd
Microsoft Windows XP [version 5.1.2600]
(C) Copyright 1985-2001 Microsoft Corp.

C:\Documents and Settings\John>command
Microsoft(R) Windows DOS
(C)Copyright Microsoft Corp 1990-2001.

C:\DOCUME~1\JOHN>command
Microsoft(R) Windows DOS
(C)Copyright Microsoft Corp 1990-2001.

C:\DOCUME~1\JOHN>_
```

Les commandes cmd.exe et command.com permettent de lancer un DOS dans le DOS.
Le titre de la fenêtre montre que de nombreux DOS « imbriqués » ont été lancés.

Le DOS lancé par *cmd.exe*, c'est-à-dire celui que vous obtenez lorsque vous demandez à vous procurer une fenêtre de commandes DOS ou lorsque vous démarrez en mode sans échec, est un DOS 32 bits qui supporte tous les systèmes de fichiers Windows et permet de lancer des programmes spécifiques à Windows (comme nous l'avons vu précédemment avec l'utilitaire *regedit*).

La version du DOS proposée par *cmd.exe*, bien que son interface soit similaire, n'est pas intégralement compatible avec les anciens DOS. Ceux-ci n'utilisaient pas le programme *cmd.exe* mais bien un fichier nommé *command.com*. Pour permettre à certaines applications plus anciennes de fonctionner sous Windows 2000 et XP, un fichier *command.com* est également fourni. Le fichier *command.com* souffre de nombreuses limitations : nous avons déjà mentionné, par exemple, les problèmes que posent les noms de fichiers dit « long ».

Certains programmes qui refuseraient de tourner sous *cmd.exe* s'exécuteront correctement sous *command.com*. Malgré cela, d'autres programmes refuseront tout simplement de fonctionner. Il ne s'agit pas d'un problème spécifique à Windows 2000 ou à Windows XP : la version Windows 98 de la commande *chkdsk*, par exemple, refuse de tourner sous Windows Millennium.

Si vous vous trouvez dans le cas où vous êtes obligé de faire tourner un vieux programme sous une version bien précise du DOS et que ni le *cmd.exe*, ni le *command.com* ne le permettent, vous devrez recourir à un émulateur DOS.

Pour mieux comprendre quels sont les fichiers et les processus qui interviennent lorsqu'on utilise le mode DOS sous Windows 2000 et sous Windows XP, vous pouvez réaliser les opérations suivantes :

1. Démarrez l'invite de commandes MS-DOS.

2. Appuyez sur <CTRL>+<ALT>+<DEL> pour faire apparaître le Gestionnaire des tâches de Windows.

3. Cliquez sur l'onglet Processus du Gestionnaire des tâches.

Vous pouvez constater, à ce stade, que le processus *cmd.exe* se trouve bien en mémoire.

4 Lancez à présent, depuis le *cmd.exe* (c'est-à-dire depuis la fenêtre DOS), la commande *command.com*.

Vous pouvez constater que les processus cmd.exe et ntvdm.exe (voir encadré à la page suivante) se trouvent tous les deux en mémoire.

De même, si vous ne lancez que le *command.com*, par exemple en vous rendant dans le menu *Démarrer* puis en choisissant *Exécuter* et en entrant « command » (le système ajoutera tout seul l'extension « .com »), seul le processus *ntvdm.exe* sera lancé en mémoire.

Le DOS lance tous les fichiers ayant les extensions *.com, .exe* ou *.bat* sans qu'il soit nécessaire d'indiquer l'extension.

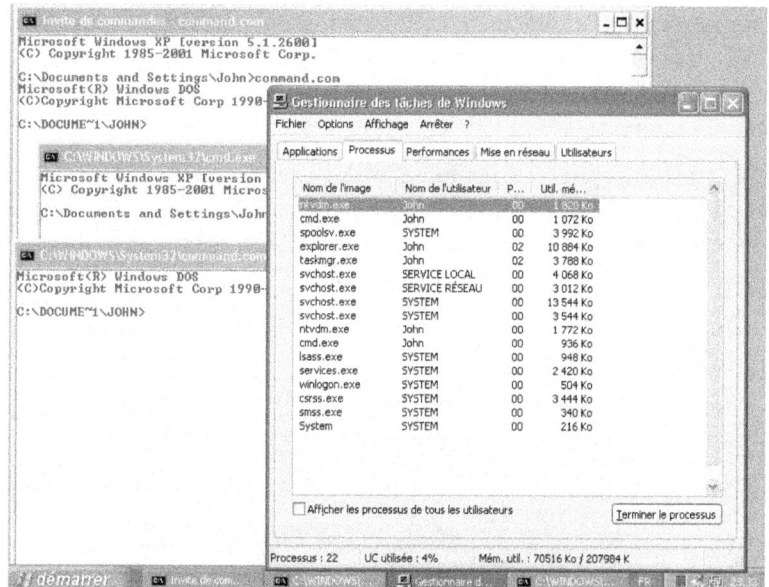

Les processus correspondant au DOS sous Windows XP.

Notez enfin qu'il est possible de lancer simultanément plusieurs DOS : vous pouvez lancer autant de *cmd.exe* et de *command.com* que vous le désirez. Sur la capture d'écran de la page précédente, l'utilisateur Jean a ouvert deux « DOS cmd.exe » et un « DOS command.com » : on retrouve trois processus correspondant (*cmd.exe* et *ntvdm.exe*) dans le gestionnaire des tâches.

- Les limitations du DOS de Windows 2000 et de Windows XP viennent du fait que ces deux systèmes sont basés sur le noyau de Windows NT. Hors, sous Windows NT, le DOS n'est pas indispensable au bon fonctionnement du système : il s'agit simplement d'un outil comme un autre.

- Lorsqu'on désire faire tourner d'anciennes applications, le DOS tourne alors dans une machine virtuelle (VDM) NT appelée la NTVDM (NT Virtual Dos Machine). Mis à part le fait que certaines applications refusent de fonctionner, cette machine virtuelle est fort pratique : une application problématique ne peut pas entraîner un crash de tout le système, ni même d'une autre application.

La présence de plusieurs systèmes d'exploitation

Il est possible d'installer plusieurs systèmes d'exploitation simultanément sur un même ordinateur. Dans ce cas, on peut alors choisir au démarrage quel système on désire utiliser. Il est ainsi possible, par exemple, d'installer Linux et Windows sur le même PC ou, dans le cas qui nous concerne, le DOS et Windows.

Si lors de l'installation de Windows le système détecte la présence d'un ancien DOS, tel le DOS 6.22, vous aurez à chaque démarrage la possibilité de lancer soit le DOS, soit Windows. Cela ne fonctionne que si vous utilisez une version du DOS indépendante de Windows : c'est-à-dire tous les DOS jusqu'à la version 6.22. De plus, pour que ce genre de DOS et Windows puissent cohabiter sur un même disque dur, il faut qu'ils utilisent un système de fichier reconnu par ces deux systèmes telles les partitions de type FAT32.

Les émulateurs DOS

Outre les différentes façons d'accéder au DOS depuis Windows, il est également possible de recourir à un émulateur DOS. Les émulateurs les plus simples se contentent d'imiter les fonctionnalités du DOS tandis que les émulateurs perfectionnés (tel VMWare) vont jusqu'à simuler un PC complet : on retrouve, dans une fenêtre, l'écran de démarrage d'un PC et on peut alors y installer, par exemple, une ancienne version du DOS (le DOS n'y voit que du feu, il ne se rend pas compte qu'il tourne dans un PC virtuel). Puisqu'il existe des émulateurs de PC pour différents systèmes, cela veut dire qu'il est même possible d'utiliser le DOS sur un système autre que Windows : vous pouvez constater, sur la capture d'écran ci-dessous qu'une fenêtre DosBox (un émulateur DOS) est ouverte sur un système Linux.

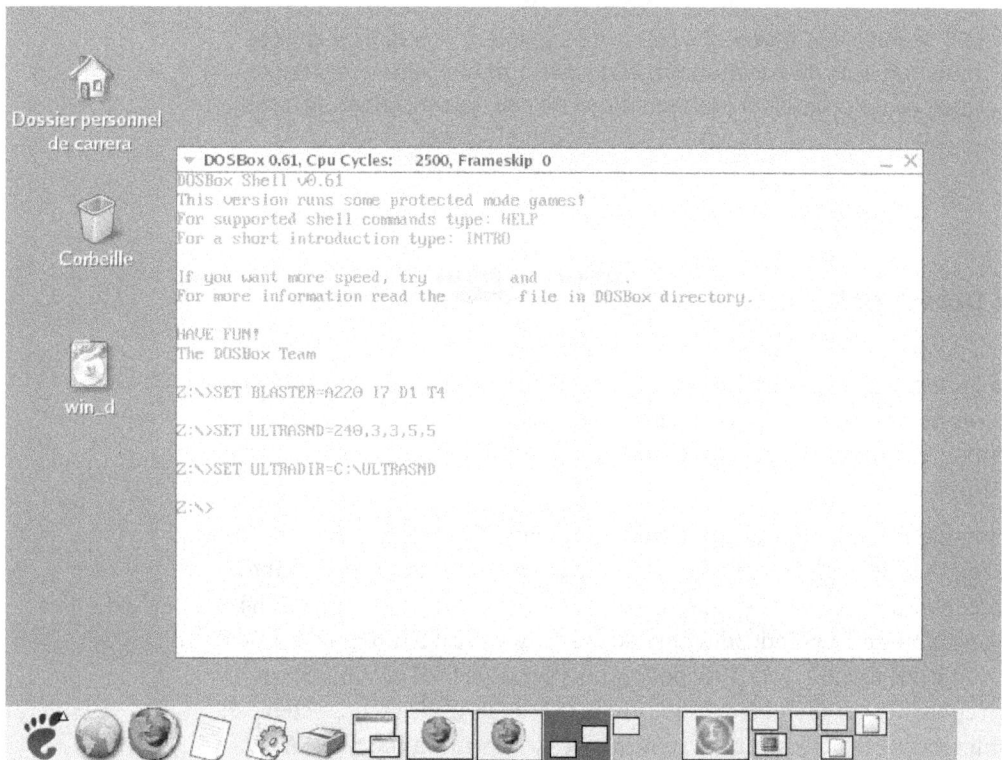

Le programme DosBox sous Linux permet d'émuler un DOS.

Il est même possible de faire tourner plusieurs émulateurs simultanément ou bien encore de lancer un émulateur DOS à l'intérieur d'un émulateur de PC. La capture d'écran ci-dessous illustre cette mise en abîme : d'une part le programme DosBox est lancé (fenêtre de gauche) et, d'autre part, on peut voir une fenêtre de commande MS-DOS qui tourne sous Windows 2000, lui-même émulé par VMWare !

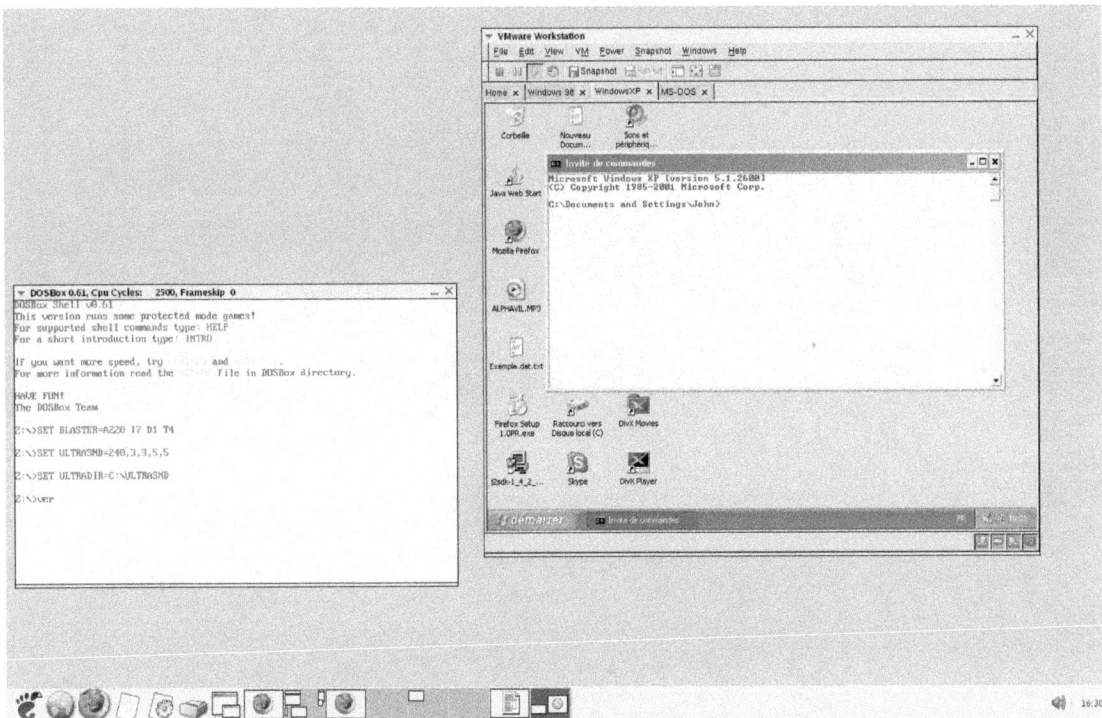

Les émulateurs DosBox et VMWare lancés simultanément.

Un émulateur est généralement plus lent que le système qu'il simule mais étant donné le peu de ressources que demande le DOS, il n'y a aucun problème à l'émuler sur les PC récents.

CHAPITRE 2

LE FONCTIONNEMENT DU MS-DOS

Contrairement à Windows qui se révèle muni d'une interface plutôt intuitive, le DOS requiert la mémorisation de commandes obscures et affiche bien souvent des messages d'erreur pour le moins mystérieux. Ce chapitre présente les concepts de base du DOS, pour vous aider à vous y retrouver lorsque vous serez devant la fameuse invite de commandes « C:> » tant redoutée.

L'invite de commandes

Quelle que soit la façon utilisée pour lancer le DOS, on se retrouve devant une invite de commandes qui ressemble à ceci :

```
C:\>
```

La lettre « C: » indique le nom du disque tandis que le caractère « \ » indique le répertoire principal (ou répertoire racine).

Ces caractères, suivis d'un curseur clignotant, indiquent que le système est prêt à exécuter vos commandes. Cette invite s'appelle, en anglais, *command prompt* (parfois tout simplement *prompt*) tandis qu'en français on parle de l' « invite de commandes » ou tout simplement de l' « invite ».

Notez que, si vous démarrez depuis une disquette, vous verrez apparaître non pas *C:* mais *A:* tandis que si vous lancez, par exemple, le DOS de Windows 2000, vous verrez apparaître une invite telle la suivante :

```
C:\Documents and Settings\Jean>
```

La première partie de l'invite de commandes indique le répertoire où on se trouve (*Documents and Settings* puis *Jean* dans notre dernier exemple)

suivi d'un caractère particulier : « › ». Lorsque vous voyez ce caractère apparaître, vous pouvez entrer une commande. Si ce caractère n'apparaît pas, c'est probablement que le DOS est « bloqué » sur une commande précédente. Il faut alors d'abord terminer ou interrompre (par exemple à l'aide de <CTRL>+<C>) la commande bloquée avant de pouvoir en introduire une nouvelle.

> Nous verrons plus tard qu'il est possible de modifier les informations données par l'invite de commandes en modifiant la variable *prompt*.

Le lancement des commandes DOS

Pour que le DOS vous comprenne, il faut lui parler son langage et en respecter la syntaxe. Le « langage » du DOS est composé de toutes les commandes dont nous nous occuperons dans les pages qui suivent. La syntaxe est très stricte. Une erreur, même minime, entraînera un message d'incompréhension du DOS ou, pire, un résultat inattendu.

En général, une commande est composée de trois éléments :

1. son nom ;
2. des paramètres ;
3. des options.

Il est recommandé de séparer chaque élément par un espace et de ne pas introduire d'espace à l'intérieur d'un élément.

Par exemple :

    C:\> XCOPY C:*.* A: /S /E

Chacun des cinq éléments de la commande est séparé par un espace :

1. le nom de la commande : XCOPY
2. le premier paramètre : C:*.*

③ le deuxième paramètre : A:

④ la première option : /S

⑤ la seconde option : /E

Après la saisie d'une commande, il faut annoncer au DOS que vous avez terminé et qu'il doit l'exécuter. Ce double rôle est dévolu à la touche <ENTRÉE>. Tant que vous n'appuyez pas sur cette touche, il ne se passe rien : MS-DOS attend.

Notez encore que, dans toutes les commandes, quand un nom de fichier est mentionné, il faut indiquer son nom et son extension (nom et extension sont séparés par un point). Nous reviendrons sur le système de fichier au chapitre suivant.

Par exemple :

```
C:> dir a:
C:> type boot.ini
```

- Si vous entrez une commande erronée (ou le début d'une commande erronée) ou si une commande en cours d'exécution est bloquée, vous pouvez l'arrêter en appuyant simultanément sur les touches <CTRL>+<C>.

- Vous pouvez entrer les commandes aussi bien en lettres majuscules qu'en lettres minuscules : sous DOS, contrairement aux systèmes Unix, cela n'a aucune importance.

Les commandes internes et externes

Lors d'une utilisation courante du DOS, la distinction entre les commandes dites internes et celles dites externes n'est pas très importante. Cependant, vous devez savoir que toutes les commandes externes ne sont pas accessibles depuis tous les DOS : une disquette de démarrage DOS, par exemple, ne contient pas toutes les commandes du DOS.

Les commandes internes sont celles que le système d'exploitation met à votre disposition à tout moment. Dans les anciennes versions du DOS, toutes les commandes internes se trouvaient dans le fichier *command.com* (fichier qui existe toujours, même sous Windows 2000 et XP). Il ne correspond donc aucun fichier en particulier pour une commande interne. Parmi les principales commandes internes, citons *dir*, *ver*, *copy*, etc.

Comme on peut le constater sur la capture d'écran ci-dessous, une recherche sur tous les fichiers dont le nom commence par « ver » renvoie quelques résultats mais aucun fichier qui correspondrait à une commande nommée « ver ». Cette commande existe toutefois (son rôle est d'afficher la version utilisée) et vous pouvez vous en convaincre en entrant « ver » à l'invite de commandes :

C:\> ver

Microsoft Windows 2000 [Version 5.00.2195]

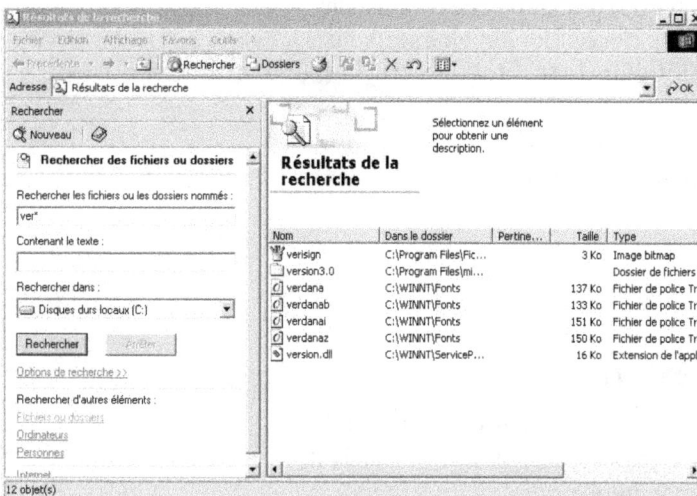

Une recherche sur le terme « ver* » ne ne donne pas de résultat.

Les commandes externes, par contre, ne font pas partie des commandes fournies d'office par le système. Elles sont elles-mêmes des fichiers. Lorsqu'on fait appel à une commande externe, le système, même si c'est transparent pour l'utilisateur, doit charger le fichier correspondant. En d'autres termes, le système charge un programme dont la mission est d'exécuter la commande voulue. Ainsi, pour formater un disque depuis le DOS, la présence du fichier *format.com* est indispensable.

Par défaut, le DOS n'exécute que les commandes externes qui se trouvent dans des répertoires bien spécifiques, précisés par la variable d'environnement nommée PATH (chemin).

La variable PATH du DOS de Windows 2000, par exemple, référence notamment le répertoire *C:\WINNT\system32* dans lequel on peut trouver diverses commandes.

En effectuant une recherche sur tout le disque dur des fichiers dont le nom commence par les lettres « xcopy », on trouve bel et bien un fichier, nommé *xcopy.exe*. Qui plus est, vous pouvez constater que ce fichier se trouve dans

le répertoire *C:\WINNT\system32* du système, c'est-à-dire dans le PATH où Windows 2000 va chercher d'éventuelles commandes externes.

Notez que si vous entrez une commande erronée à l'invite du DOS, vous obtiendrez un message indiquant que la commande n'existe ni en tant que commande interne, ni en tant que commande externe.

Par exemple, si on essaye d'appeler la commande *uptime*, qui existe sous Unix mais pas sous DOS, on obtient un message d'erreur :

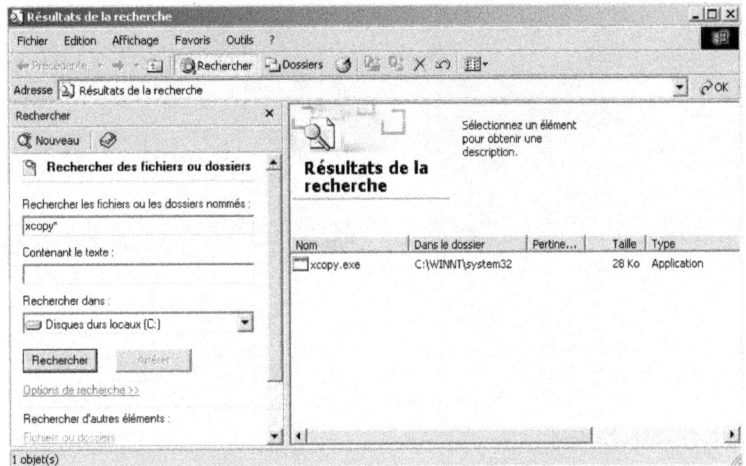

Il existe un fichier correspondant à la commande *xcopy*.

```
C:\> uptime
```

'uptime' n'est pas reconnu en tant que commande interne ou externe, un fichier exécutable, ou un fichier de commandes.

> Le contenu des messages d'erreur varie selon les versions du DOS mais leurs significations restent identiques. Le message d'erreur de la commande *uptime*, ci-dessus, est celui généré par Windows XP.

Les fichiers exécutables

Lorsque l'interface graphique est démarrée, il est possible de lancer les fichiers exécutables directement depuis le DOS. Par exemple, si vous travaillez sous DOS et que vous avez tout d'un coup besoin d'utiliser l'éditeur de registre, vous pouvez entrer la commande *regedit*.

Inversement, si depuis l'interface graphique vous double-cliquez sur une commande DOS, Windows va automatiquement ouvrir une fenêtre DOS pour y exécuter la commande. Vous pouvez essayer en cliquant sur la commande *xcopy* : une fenêtre s'ouvrira et se fermera aussitôt (la commande est lancée mais aussitôt exécutée, elle se referme).

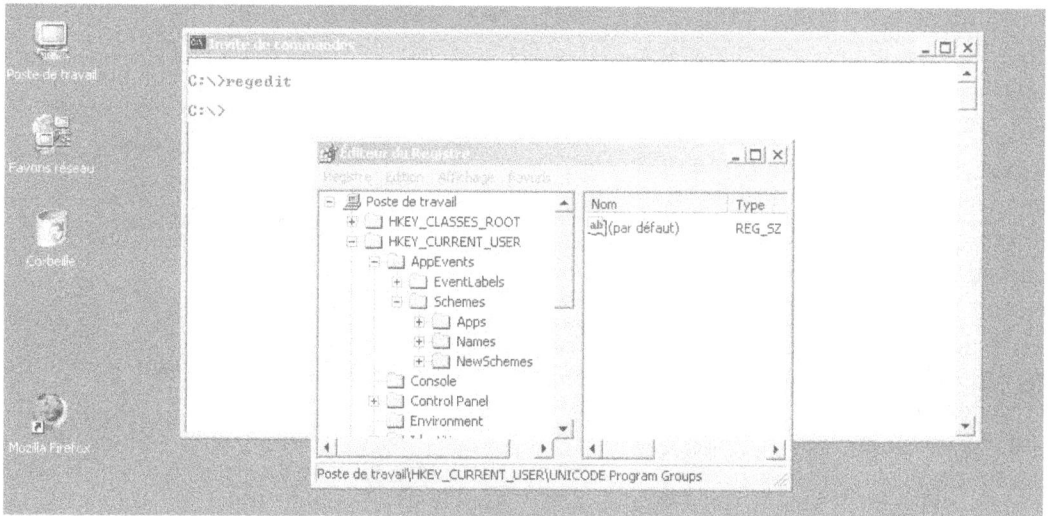

Il est possible de lancer des programmes Windows depuis le DOS.

La récupération des commandes

Le DOS propose une fonction fort pratique : la récupération des commandes. Si vous avez mal écrit le nom d'une commande ou d'un de ses paramètres, vous pouvez récupérer la dernière commande saisie en appuyant sur la touche de fonction ‹F3›.

Par exemple :

```
C:\> more boot.in
Impossible d'accéder au fichier C:\boot.in
```

Plutôt que de retaper toute la ligne, vous pouvez appuyer sur <F3> et ajouter, dans ce cas, la lettre *i* qui manquait à la fin de la ligne de commande.

Il est également possible, sous Windows 2000, de revenir plusieurs commandes en arrière, en appuyant plusieurs fois sur la touche représentant une flèche vers le haut. Sur les plus anciennes versions du DOS (tel le DOS proposé sous Windows 98), il est possible d'accéder à cette fonctionnalité en lançant la commande *doskey*.

Les messages d'erreur

Il existe toute une série de messages d'erreur différents sous DOS. Certains sont propres au DOS en général, d'autres à certaines commandes en particulier. Nous venons déjà de voir deux messages d'erreur classiques :

▸ « ... n'est pas reconnu en tant que commande interne ou externe, un fichier exécutable, ou un fichier de commandes » ;

▸ « Impossible d'accéder au fichier ... »

De même, lorsque vous essayez de passer une option invalide à une commande, le système renvoie un autre message fort courant :

```
C:\> dir /u
Commutateur non valide - /U
```

Durant vos expérimentations avec le DOS, ce seront ces trois messages d'erreur-là que vous rencontrerez le plus souvent.

L'aide

Chaque commande propose généralement sa propre aide, accessible à l'aide de l'option « /? ». Celle-ci est fort pratique, surtout pour les commandes disposant de nombreuses options.

Par exemple :

  C:\> dir /?

Il existe également une commande *help*. Le fichier correspondant à la commande *help* était, sur les versions 5 du DOS, le fichier *help.exe* ; ensuite sur le DOS 6 il s'agissait du fichier *help.com*, pour revenir, sous Windows 2000 et XP, à un fichier nommé *help.exe*.

```
Invite de commandes                                                    _ □ ×
         du séparateur.
/D       Sur cinq colonnes avec fichiers triés par colonne.
/L       Affiche en minuscules.
/N       Nouveau format longue liste où les noms de fichiers sont à droite.
/O       Affiche les fichiers selon un tri spécifié.
tri      N  Nom (alphabétique)           S  Taille (ordre croissant)
         E  Extension (alphabétique)     D  Date et heure (chronologique)
         G  Répertoires en tête          -  Préfixe en ordre indirect
/P       Arrêt après l'affichage d'un écran d'informations.
/Q       Affiche le nom du propriétaire du fichier.
/S       Affiche les fichiers d'un répertoire et de ses sous-répertoires.
/T       Contrôle le champ heure affiché ou utilisé dans le tri.
heure    C  Création
         A  Dernier accès
         W  Dernière écriture
/W       Affichage sur cinq colonnes.
/X       Affiche les noms courts générés pour les noms de fichier non 8.3 car.
         Ce format est celui de /N avec le nom court inséré avant le nom long.
         S'il n'y a pas de nom court, des espaces seront affichés à la place.
/4       Affiche l'année sur quatre chiffres.

Les commutateurs peuvent être préconfigurés dans la variable d'environnement
DIRCMD. Pour les ignorer, les préfixer avec un trait d'union. Par exemple /-W.

C:\>
```

Une partie de l'aide disponible pour la commande *dir*.

Etant donné que chaque commande dispose généralement de sa propre aide vous ne devriez pas en avoir souvent besoin sous la forme *help commande* (par exemple *help dir* donne la liste des paramètres disponibles pour la commande *dir*).

Par contre, elle se révèle fort pratique puisqu'elle donne la liste de bon nombre de commandes supportées par le DOS (la commande *help*, sans paramètre, donne la liste de nombreuses commandes disponibles). Cette liste varie d'un DOS à l'autre : tous ne supportent pas exactement les mêmes commandes. Certaines d'entre elles, plus rares, telles la commande *ftp*, disposent de leur propre invite et acceptent elles aussi la commande *help*.

Enfin, pour obtenir l'aide de Windows concernant le DOS lui-même (et non l'aide des commandes du DOS), vous pouvez effectuer une recherche sur le terme « MS-DOS » dans l'aide de Windows.

La fermeture du DOS

Lorsque vous avez terminé de travailler avec le DOS, vous pouvez entrer la commande *exit* qui fermera la fenêtre DOS. Vous pouvez également fermer la fenêtre en utilisant la souris, comme vous le feriez pour n'importe quelle autre fenêtre, mais Windows se plaint parfois alors qu'un programme DOS est encore actif.

L'aide incorporée à la commande *ftp*.

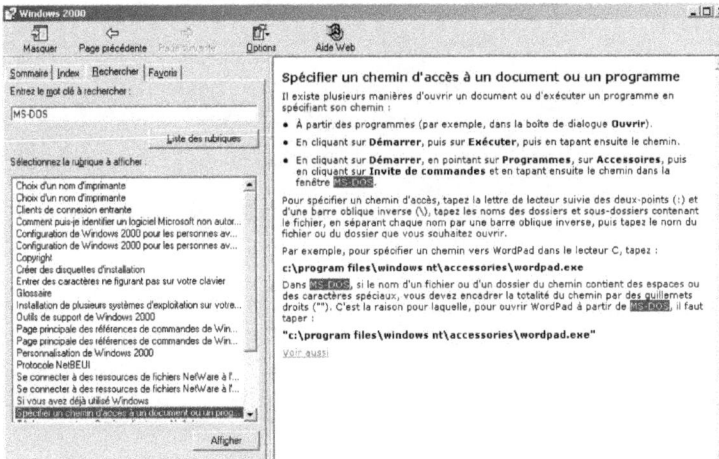

S'il s'agit d'un DOS qui a le contrôle total du système, tel un DOS lancé depuis une disquette, vous devez redémarrer l'ordinateur pour accéder à Windows.

L'aide de Windows contient quelques entrées relatives au DOS.

CHAPITRE 3

L'ORGANISATION DU DISQUE DUR

Le terme DOS signifie « *Disk Operating System* » : il est donc bien question de « disque ». En effet, dès lors qu'on travaille avec le DOS, on se retrouve confronté aux différents disques du système. Que ce soit pour installer le DOS, pour réparer ou pour installer Windows, ou pour ajouter un nouveau disque dur au système, on rencontre deux commandes DOS particulièrement utiles : *fdisk* et *format*. Avant de pouvoir utiliser ces commandes, il faut toutefois comprendre comment le disque dur est organisé en partitions.

Les commandes DOS *format* et *fdisk* sont très utiles et permettent même de réaliser certaines manipulations impossibles à réaliser depuis Windows, mais leur usage est délicat : une fausse manœuvre et vous pouvez effacer le contenu de tout votre disque dur ! Ne les utilisez donc que lorsque vous en avez vraiment besoin.

Le disque dur

Les fichiers et les dossiers font partie du système de fichiers, ce système se trouve lui-même à l'intérieur d'une partition et cette partition dans le disque dur. Comme de nombreux utilisateurs se servent du DOS pour faire des modifications importantes au disque dur, telle la modification de la table de partition précédant une installation complète de Windows ou lors de l'ajout d'un nouveau disque dur sur le système, il nous a semblé utile d'apporter quelques précisions sur le fonctionnement des disques durs et le partitionnement de ceux-ci.

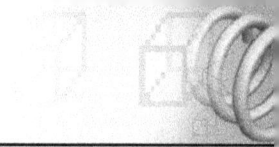

Il n'est pas obligatoire de réinstaller Windows lors de l'ajout d'un nouveau disque dur sur un système (sauf si on désire que Windows démarre depuis le nouveau disque dur). Toutefois, de nombreuses personnes profitent de l'achat d'un nouveau disque dur pour « repartir à zéro », avec une nouvelle installation de Windows.

Tous les PC modernes sont équipés de deux câbles (ou nappes) IDE, correspondant au canal primaire et au canal secondaire IDE. Chacun de ces deux canaux peut recevoir un maximum de deux périphériques IDE (disque dur IDE, lecteur de CD-Rom IDE, graveur de CD IDE, lecteur de DVD IDE, etc.). Si deux périphériques IDE sont présents sur un même câble, l'un est appelé « maître » (*master*) et l'autre « esclave » (*slave*).

La configuration la plus courante sur PC est la suivante :

▸ Canal IDE primaire : disque dur (maître) ;

▸ Canal IDE secondaire : lecteur de CD ou de DVD (maître).

Pour placer deux périphériques sur un seul câble, il faut parfois modifier les cavaliers (jumpers) présents sur ces périphériques. Voici les différents modes dans lesquels peut se trouver un périphérique IDE :

▸ Maître seulement ;

▸ Maître avec esclave ;

▸ Maître avec ou sans esclave ;

▸ Esclave ;

▸ Sélection par câble.

Un exemple

Voici les informations que le BIOS pourrait donner pour un système équipé de deux disques durs :

Pri Master: User 10840 21000 16 63 4 On

Pri Slave: User 25650 49700 16 63 4 On

Sec Master: CDROM

Sec Slave: Not Installed

Vous pouvez constater que le BIOS détecte un disque dur de 10 Go (maître) ainsi qu'un autre de 25 Go (esclave) sur le premier canal IDE tandis que seul un seul lecteur de CD-Rom est connecté (en maître forcément) sur le second canal IDE.

Les partitions

Tout comme les disques vinyle ou les CD audio peuvent être divisés en pistes, un disque dur peut être divisé en plusieurs partitions. Même si le disque dur n'est pas « divisé », il contient au minimum, c'est obligatoire, une partition – c'est d'ailleurs un type de configuration très classique. La commande DOS *fdisk*, que nous verrons plus loin, permet la manipulation de ces partitions.

Les partitions peuvent être soit primaires, soit étendues. Les partitions étendues peuvent contenir une ou plusieurs partitions logiques.

Les limitations sont les suivantes :

▸ le BIOS autorise, par disque dur, un maximum de trois partitions primaires, une partition étendue et seize partitions logiques (dans la partition étendue) ;

▸ le programme *fdisk* fourni avec les différentes versions du DOS et/ou de Windows autorise seulement une partition primaire et une partition étendue (qui peut contenir plusieurs partitions logiques).

Le partitionnement d'un disque dur est indépendant du système d'exploitation. Au début, par exemple, la démarche à suivre pour installer Windows 98 ou Windows XP ou Linux sur un nouveau disque dur est la même :

▸ installer le disque dur dans l'ordinateur ;

▸ le faire reconnaître par le BIOS (en général c'est automatique) ;

▸ le partitionner (même si ce n'est pour y placer qu'une seule partition) à l'aide, par exemple, de la commande DOS *fdisk* ;

▸ formater la ou les partitions ;

▸ lancer le programme d'installation du système.

Il est à noter que le programme d'installation du système prend souvent en charge le formatage des partitions et que chaque système dispose de son type de partitions.

Les partitions « bootable »

Afin que le BIOS puisse passer la main à un système d'exploitation présent sur le disque dur, il faut que la partition contenant le système soit *bootable*. En fait, cela signifie qu'il faut activer la partition, par exemple à l'aide de la commande *fdisk*.

Les différents formats de partitions

FAT

Ce sont les partitions utilisées d'abord par le MS-DOS puis par Windows 95, 98 et Millennium. Ce type de partitions existe toujours et les nouvelles versions de Windows le reconnaissent.

> Le mot « FAT » est également utilisé pour se référer à un fichier particulier des partitions de type FAT : la table d'allocation des fichiers (ou *File Allocation Table*). Il s'agit d'une table de correspondance utilisée par le système pour localiser un fichier sur le disque.

FAT12

Le type de partition anciennement utilisé par le DOS autorise une taille maximale d'environ 10 Mo !

FAT16

Les partitions de type FAT16 sont limitées à une taille maximale de 2 Go.

FAT32

Les partitions FAT32 sont apparues avec Windows 95 OSR 2. La taille des partitions de ce type peut aller jusqu'à 8 Go et le système de fichiers est plus performant que l'ancien type FAT16.

FAT32X

Le type de partition FAT32X, généralement appelé simplement FAT32, est une version améliorée du système FAT32 qui permet de supporter des partitions dont la taille dépasse 8 Go.

NTFS

Les partitions NTFS sont utilisées par Windows NT, 2000 et XP. En plus de supporter des partitions dont la taille peut aller jusqu'à deux Téra-octets (2048 Go !), le système de fichiers présente d'autres avantages tels la compression des données, le cryptage, l'accès aux fichiers suivant différents niveaux de privilèges (pour des raisons de sécurité en mode multi-utilisateurs), etc.

Pour une raison inconnue, Microsoft n'encourage pas la création de plusieurs partitions primaires sur un seul disque dur. Toutefois, si vous utilisez un autre programme que la commande DOS *fdisk* fournie par Microsoft pour créer de multiples partitions primaires (p.ex. *Partition Magic*, *Partition-It*, la version *fdisk* de Linux, etc.), Windows les reconnaît sans broncher.

Le secteur de démarrage

Les informations relatives au partitionnement du disque dur sont stockées dans le disque dur ! Elles ne peuvent toutefois pas être placées « à l'intérieur » d'une partition (le BIOS ne peut pas aller chercher une information à l'intérieur d'une partition tant qu'il n'en connaît pas l'emplacement exact). Ces informations sont donc placées au tout début du disque dur, dans le secteur de démarrage.

Après que le partitionnement du disque a été effectué, il n'est plus nécessaire de modifier ce secteur de démarrage.

La commande DOS permettant de réinitialiser le secteur de démarrage est la suivante :

```
C:> fdisk /mbr
```

Cette commande existe sur tous les DOS, excepté ceux de Windows 2000 et de Windows XP : pour y accéder sous ses systèmes il faut utiliser, par exemple, une disquette de démarrage Windows 98.

L'attribution des lettres aux lecteurs

Nous avons déjà vu que l'invite du DOS affiche une lettre correspondant au lecteur courant, tel « C:\> » pour indiquer qu'on se trouve sur le lecteur C:.

Généralement, le système d'exploitation (DOS ou Windows) démarre depuis la première partition primaire du premier disque dur, qui se voit attribuer la lettre C:. Toutefois, si le système est lancé depuis une autre partition, c'est cette autre partition qui se voit attribuer la lettre C:.

Pour résumer simplement, voici comment sont attribués les lettres aux différentes lecteurs :

▶ A: le lecteur de disquette ;

▶ C: le second lecteur de disquette (devenu désuet de nos jours) ;

▶ C: la partition primaire sur laquelle le système est installé.

Ensuite, par ordre de préférence (et lorsque ces partitions existent et ne sont pas déjà attribuées) :

▶ la première partition primaire de chaque disque dur (disques IDE primaires d'abord, secondaires ensuite) ;

▶ les partitions logiques (dans le même ordre) ;

▶ les autres partitions primaires (ce dernier cas étant plus rare).

Par la suite, de nouveaux lecteurs peuvent se voir attribuer une lettre, tels les lecteurs virtuels ou, plus généralement, les autres lecteurs « physiques » (Iomega Zip, lecteurs USB, etc.).

> L'attribution des lecteurs peut varier suivant le mode utilisé pour démarrer le système. Par exemple, en démarrant le DOS depuis une disquette de démarrage Windows 98, le système crée un lecteur virtuel (F:) qui contient quelques utilitaires (c'est-à-dire des commandes DOS) qui sont décompressés depuis la disquette.

Quelques schémas de partitionnement

☐1☐ Pour commencer, voici le schéma de partitionnement le plus classique :

	type	format	lecteur
1re partition	primaire	FAT(16 ou 32)	C:

Et c'est tout : une seule partition primaire dans le disque dur, qui se voit attribuer la lettre C: sous Dos et sous Windows.

☐2☐ Voici une autre configuration classique :

	type	format	lecteur
1re partition	primaire	FAT(16 ou 32)	C:
2e partition	étendue		
3e partition	logique	FAT(16 ou 32)	D:

☐3☐ Voici une variante, légèrement plus simple mais moins courante, n'utilisant que des partitions primaires :

	type	format	lecteur
1re partition	primaire	FAT(16 ou 32)	C:
2e partition	primaire	FAT(16 ou 32)	D:

☐4☐ Voici, à titre indicatif, un exemple de configuration où Linux et Windows sont installés dans un même disque dur :

	type	format	lecteur
1re partition	primaire	FAT32	C:
2e partition	primaire	Linux	-
3e partition	primaire	Linux (swap)	-
4e partition	étendue		
5e partition	logique	FAT32	D:

5 Voici un premier exemple d'un système équipé de deux disques durs :

	type	format	lecteur
1er disque dur			
1re partition	primaire	FAT32	C:
2e disque dur			
1re partition	primaire	FAT32	D:
2e partition	étendue		
3e partition	logique	FAT32	E:

6 Voici un second exemple d'un système équipé de deux disques durs :

	type	format	lecteur
1er disque dur			
1re partition	primaire	FAT32	C:
2e partition	étendue		
3e partition	logique	FAT32	E:
2e disque dur			
1re partition	primaire	FAT32	D:
2e partition	étendue		
3e partition	logique	FAT32	F:
4e partition	logique	FAT32	G:

Vous pouvez constater, comme expliqué précédemment, que la partition primaire du deuxième disque dur se voit attribuer un lecteur (D:) avant les partitions logiques du premier disque dur.

L'accès aux partitions d'un autre système

La plupart des systèmes d'exploitation permettent d'accéder à des types de partitions différents : Windows 2000 ou XP, par exemple, permettent d'accéder aux partitions de type FAT et même, à l'aide d'utilitaires spécifiques, aux partitions de type Linux. De son coté, Linux permet d'accéder aux partitions FAT et NTFS.

Par contre, lorsqu'on démarre depuis une disquette DOS, on peut accéder aux partitions de type FAT, mais pas aux partitions de type NTFS, ni aux partitions Linux.

La commande fdisk

Pour manipuler les partitions depuis le DOS, il faut utiliser la commande *fdisk*, fournie avec n'importe quelle version du DOS et donc, notamment, les DOS sous-jacent à Windows 95 et 98. Les versions 2000 et XP proposent leur propre outil de manipulation des partitions. Pour accéder à cet outil graphique depuis Windows XP, demandez à obtenir les *Propriétés du Poste de travail* puis choisissez *Gérer* et enfin *Gestion de disques*.

Cependant, vous pouvez toujours utiliser un ancien DOS pour modifier la table de partition d'un système Windows 2000 ou XP, c'est même une pratique courante.

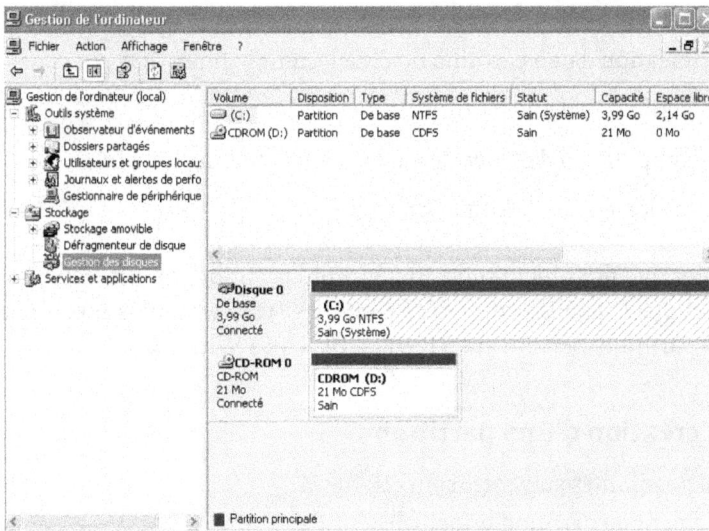

L'outil de gestion de disques incorporé à Windows XP.

Depuis la version OSR2 de Windows, *fdisk* propose, au démarrage, de « prendre en charge les grands lecteurs », ce qui veut dire, en fait, qu'il va gérer les partitions de type FAT32. Répondez donc par l'affirmative à la question posée, sauf dans le cas exceptionnel où vous désireriez créer une partition de type FAT16.

Windows 2000 et XP ne permettent pas de créer des partitions FAT de plus de 32 Go : cela peut se révéler gênant car si vous créez une partition de plus de 32 Go au format NTFS, vous ne pourrez pas y accéder depuis une disquette de démarrage DOS. Toutefois, Windows 2000 et Windows XP reconnaissent les partitions FAT de plus de 32 Go. Donc vous avez la possibilité, si vous en avez le besoin, de créer une partition FAT de la taille que vous désirez, depuis le DOS, puis d'y accéder depuis Windows.

Le menu principal

Le menu principal de fdisk est composé des quatre options suivantes :

1. création d'une partition ou d'un lecteur logique DOS ;

2. activation d'une partition ;

3. suppression d'une partition ou d'un lecteur logique DOS ;

4. affichage de l'information de la partition.

Notez que *fdisk* mentionne toujours des partitions ou des lecteurs « DOS » alors que l'appellation « FAT16 » ou « FAT32 » serait plus correcte (en effet, ces partitions servent aussi bien au DOS qu'à Windows).

La création d'une partition

Les possibilités suivantes sont offertes :

- créer une partition principale ;
- créer une partition étendue ;
- créer un ou plusieurs lecteur(s) dans la partition étendue.

Lorsque vous décidez de créer une partition, *fdisk* examine brièvement le disque dur afin de déterminer la taille maximale que vous pouvez attribuer à la partition. Notez que vous ne pouvez pas placer directement une partition où vous le voulez sur le disque dur. Chaque nouvelle partition commence où il y a de la place.

Par exemple :

Part.	Etat	Type	Nom	Mo	Système	Utilisation
C: 1	A	PRI DOS	Data	5000	FAT32	25%

L'espace total du disque est de 20000 Mo (1Mo = 1048576 octets)

L'espace maximum disponible pour la partition est de 5000 Mo.

Entrez la taille de la partition en Mo ou en pourcentage de l'espace disque pour créer une partition....... : 50%

Appuyez sur ECHAP pour retourner aux options de fdisk

```
                        Microsoft Windows 98
                        Partition de disque dur
                 (C)Copyright Microsoft Corp. 1983 - 1998

                           Options de FDISK

        Disque dur en cours : 1

        Choisissez une option :

        1. Créer une partition DOS ou un lecteur logique DOS
        2. Activer une partition
        3. Supprimer une partition ou un lecteur logique DOS
        4. Afficher les informations de partition



        Entrez votre choix : [1]



        Appuyez sur Echap pour quitter FDISK.
```

Le menu principal de *fdisk*.

Les différentes versions de *fdisk* comportent un bogue qui corrompt l'affichage des données relatives aux disques durs de plus de 64 Go. Le programme fonctionne correctement mais les tailles affichées sont incorrectes. Le plus simple est de ne pas se soucier de ce problème et de travailler en « pourcentage » de la taille du disque dur. Si toutefois vous désirez vous procurer une version corrigée de *fdisk*, sachez que ce bogue a le numéro d'identification 263 044 chez Microsoft et qu'un patch est disponible à l'adresse suivante :

> ▸ *http://support.microsoft.com/?kbid=263044*

L'activation d'une partition

Lorsque l'activation de la partition sur laquelle se trouve le système d'exploitation doit se faire manuellement, c'est ce menu qu'il faut utiliser. Notez qu'il ne peut y avoir qu'une seule partition active par disque dur et c'est, rappelons-le, cette dernière qui reçoit l'appellation de lecteur « C: ».

La suppression d'une partition

Cette option permet de supprimer une partition. Généralement, cette option est utilisée pour supprimer une grosse partition, avant d'en créer deux plus petites ou pour effectuer l'opération inverse.

Afin d'éviter de faire une grosse bêtise (par exemple effacer la partition C: alors qu'elle contiendrait des données importantes), *fdisk* demande une confirmation du nom de la partition à effacer.

Si le système possède deux disques durs et que chaque disque possède une partition activée, c'est généralement le système d'exploitation du premier dur qui est lancé, sauf si le Bios est expressément configuré pour contourner ce comportement.

Les informations sur les partitions

Cette option, qui peut également être sélectionnée en tapant *fdisk /status* depuis l'invite de commandes, donne des informations sur la structure du disque dur.

Par exemple :

Part	Etat	Type	Nom	Mo	Système	Utilisation
C: 1	A	Pri Dos	C1	1000	FAT32	33%
2		Non-Dos		63		2%
3		Non-Dos		1047		34%
4		Pri Dos	D1	969	FAT32	32%

Notez que dans l'exemple ci-dessus les partitions 2 et 3 ne sont pas reconnues (type Non-Dos) car elles n'ont pas été formatées au format FAT.

Pour vous familiariser avec *fdisk*, vous pouvez lancer cette commande et demander d'afficher les informations concernant le partitionnement de votre disque dur.

La commande format

Si vous utilisez le DOS pour modifier la structure du disque dur, vous désirerez généralement utiliser la commande DOS *format* après avoir fait appel à la commande *fdisk*.

La démarche à suivre pour formater une partition FAT16 ou FAT32 est la même, les seules options proposées étant le formatage depuis le DOS ou depuis Windows.

Lorsque vous procédez au formatage, deux cas peuvent se présenter :

1️⃣ soit vous formatez le lecteur principal (le futur C:) ;

2️⃣ soit vous formatez un lecteur secondaire.

Dans les deux cas, vous pouvez effectuer le formatage depuis le DOS.

Si vous ne devez formater qu'un lecteur secondaire, vous pouvez faire appel à l'utilitaire de formatage de Windows (à condition, bien sûr, que Windows soit présent sur le système).

Pour formater depuis le DOS, il suffit d'appeler la commande format suivie du lecteur à formater.

Par exemple :

```
a:\> format d:
avertissement: toutes les données sur le disque dur d: seront perdues !
Lancer le formatage (O/N)? O
Vérification du format de disque existant.
Enregistrement des secteurs défectueux.
Terminé.
Vérification 1 500.15 Mo
 100 pourcent accomplis.
Formatage terminé.
Ecriture dans la table d'allocation des fichiers
Terminée.
Calcul de l'espace libre...
Terminé.
Nom de volume (11 caractères maximum) ? virga
1 569 943 552 octets d'espace disque total
1 569 943 552 octets disponibles sur le disque
```

Notez que les seules informations à entrer sont la commande de formatage *format d:*, la confirmation (« O ») et le nom du disque (« virga » dans l'exemple). Tout le reste est constitué d'informations données par le système quant à l'avancement du formatage.

En fonction de la taille de la partition et de la vitesse du disque dur, il faut compter de deux à dix minutes pour le formatage.

La modification des partitions

Généralement, on crée la ou les partitions avant de procéder à l'installation, ou à la réinstallation, d'un système ou lors de l'ajout d'un nouveau disque dur. Par la suite, le partitionnement du disque dur ne change généralement plus.

Vous devez savoir qu'il n'est pas nécessaire d'effacer tout le disque dur lorsqu'on modifie les partitions. Il est ainsi possible de supprimer la partition D: pour la remplacer par deux partitions, sans perdre les données présentes sur la partition C:.

Il existe même des outils tels que *Partition Magic* (payant) et *fips* (gratuit) permettant de diviser une partition sans perdre les données présentes sur celle-ci.

La commande *fdisk* permet parfois de réparer un disque endommagé. Ainsi, avec un disque refusant tout démarrage sous Windows et malgré les nombreuses réinstallations de système, il suffit de lancer le DOS et d'appeler la commande *fdisk* pour activer la partition de Windows pour que tout rentre dans l'ordre.

CHAPITRE 4
LES FICHIERS ET LES DOSSIERS

Le rôle d'un système d'exploitation consiste notamment à gérer les fichiers présents sur les différents disques (disque dur, CD-Rom, DVD, disquettes). La plus grande partie du travail sous DOS consiste donc à trouver et à manipuler différents fichiers.

L'organisation du disque dur

Le contenu d'un disque dur, qu'on y accède depuis Windows ou depuis le DOS, est toujours organisé de la même façon : le classement des données s'effectue à l'aide de fichiers et de répertoires.

Sous Windows, cette organisation se traduit par des icônes représentant les différents fichiers et les dossiers dans lesquels on peut les ranger.

Sous DOS, il faut naviguer manuellement parmi les répertoires puis manipuler les fichiers à l'aide des diverses commandes disponibles.

Les fichiers

Un fichier, que vous utilisiez le DOS ou Windows, est l'élément le plus basique d'un système. Un fichier contient des données : un document, un programme, des données destinées à un programme, etc. Avec les anciennes versions du DOS, jusqu'au DOS 6.22 inclus, les noms de fichiers (et des répertoires) étaient limités à huit caractères pour le nom et trois caractères pour son extension. Ce format de noms de fichiers est parfois référé comme étant le format « 8.3 », c'est-à-dire huit caractères suivi d'un point puis de trois caractères. Il est important de connaître ce format de représentation

des noms de fichiers car le DOS est toujours, dans la plupart des cas, limité à ce format.

Voici quelques exemples de noms de fichiers au format 8.3 :

- *exemple1.txt* ;
- *assuranc.doc* ;
- *resultat.dat* ;
- *command.com.*

Par défaut, certaines extensions étaient réservées :

- *.bat* pour les fichiers de script DOS ;
- *.exe* pour les fichiers exécutables ;
- *.com* pour les fichiers exécutables au format com ;
- *.sys* pour les fichiers système.

Les autres types de fichiers sont considérés par le DOS comme des fichiers de données. Certains, tels les fichiers contenant du texte au format brut, peuvent être manipulés directement (par exemple affichés sur l'écran ou imprimés à partir du DOS) tandis que d'autres, tels les fichiers *.doc* provenant de Word, ne sont pas accessibles depuis le DOS (il faut impérativement ouvrir Word pour les afficher). Les fichiers qui ne sont pas accessibles depuis le DOS peuvent toutefois être manipulés : un fichier Word ou Excel, par exemple, ne peut pas être ouvert depuis le DOS, mais il peut être effacé, déplacé ou sauvegardé !

D'autres extensions sont utilisées par habitude, telles :

- *.bak* pour les fichiers de sauvegarde ;
- *.txt* pour les fichiers contenant du texte au format brut ;
- *.dat* pour les fichiers de données (généralement illisibles depuis le dos étant donné qu'il s'agit de fichiers binaires).

Il s'agit là de conventions : rien n'empêche le DOS d'ouvrir un fichier texte dont l'extension ne serait pas *.txt* et rien n'empêche, si ce n'est le bon sens, quelqu'un de donner l'extension *.dat* à un fichier texte.

Les caractères autorisés dans les noms de fichiers au format 8.3, classés par ordre ASCII, sont les suivants :

▸ !#$&'()-0123456789@ABCDEFGHIJKLMNOPQRSTUVWXYZ^_`abcde fghijklmnopqrstuvwxyz{}~

On peut donc constater que les caractères « + », « - », « * » et « / », par exemple, sont interdits. Tout comme « ‹ » « › » et quelques autres.

Notez que le code ASCII définit 128 caractères (et non 256 comme on peut souvent le lire) et que le dernier caractère autorisé dans les noms de fichiers au format 8.3 est le caractère « ~ », dont le code ASCII est 126. Ce caractère revêt une importance particulière car c'est lui que Microsoft a choisi pour remplir un rôle bien précis : la conversion des noms longs au format 8.3 (nous reviendrons sur cette conversion à la page 76).

Ces restrictions ont été assouplies avec l'apparition de Windows 95. Il est à présent possible d'utiliser non seulement des noms de fichiers nettement plus longs mais la plupart des caractères sont permis, y compris le caractère d'espacement.

Enfin, il faut savoir que la casse n'a pas d'importance sous DOS : les noms *resultat.txt*, *RESULTAT.TXT* et *rEsUlTaT.TxT* sont équivalents. Cette particularité du DOS reste vraie sous Windows : par exemple, si un fichier

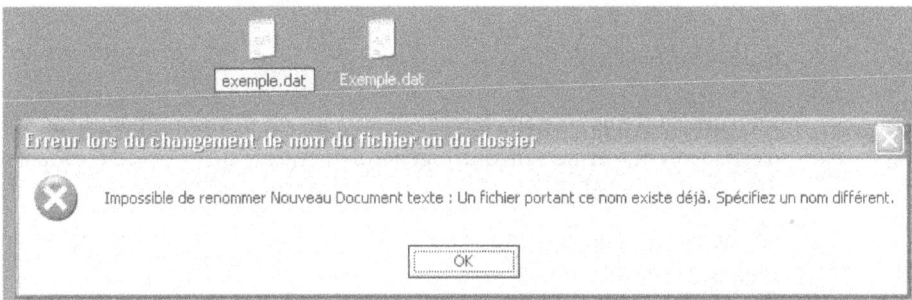

Windows XP ne tient toujours pas compte de la casse dans les noms de fichiers.

nommé *Exemple.dat* se trouve dans un répertoire, vous ne pourrez pas y créer un fichier *exemple.dat*. Sur les systèmes Unix, les fichiers *exemple.dat* et *Exemple.dat* représentent bel et bien deux fichiers distincts.

Si vous comptez travailler souvent avec le DOS, et plus particulièrement avec des scripts DOS (les fichiers batch, que nous verrons plus loin), vous devez savoir que les caractères d'espacement dans les noms de fichiers, tout comme sur les systèmes Unix, posent certains problèmes. En effet, il n'est pas rare qu'un traitement de fichier par lot (tel un archivage) se voie tout d'un coup interrompu lorsqu'il rencontre un fichier dont le nom contient un caractère d'espacement. De même, l'échange de fichiers entre différents systèmes pose également de nombreux problèmes. Par exemple, si vous essayez de passer un fichier nommé « Trésorerie (2003) Important !.doc » depuis un PC vers un Mac en utilisant une disquette ou un CD-Rom, vous risquez d'avoir des surprises. Il en va de même pour des échanges de fichiers entre Linux et Windows ou entre Linux et le Mac.

Pour contourner ces problèmes, le plus simple reste de limiter les noms de fichiers en n'utilisant que quelques caractères, et certainement pas de caractères d'espacement. De nombreuses personnes ont ainsi pris la bonne habitude de n'utiliser que les caractères suivants :

▸ les lettres minuscules ;

▸ les lettres majuscules ;

▸ « _ » et « - » ;

▸ les chiffres de 0 à 9.

En n'utilisant que ces caractères-là et, surtout, en n'insérant pas de caractères d'espacement, on ne rencontre généralement aucun problème en passant d'un système à l'autre.

Un fichier de musique mp3 issu de votre collection pourrait ainsi se nommer, par exemple :

▸ *pixies-here_comes_your_man.mp3*

ou encore :

▸ *Pixies-HereComesYourMan.mp3*

La première version fut pendant bien longtemps préférée, notamment sur les systèmes ne faisant pas de différence entre les minuscules et les majuscules tandis que la seconde version utilise une convention nommée *Camel case* (voir glossaire page 266).

Rien ne vous force à suivre ces conventions, mais ne venez pas vous plaindre si vous ne le faites pas. Lorsque vous essayez d'accéder au contenu d'un répertoire, il y a un risque à ce que vos noms de fichiers ressemblent à ce que vous pouvez voir sur la capture d'écran ci-dessous.

- Le caractère d'espacement étant interdit dans les noms de fichiers, de nombreuses personnes ont contourné cette limitation en utilisant le caractère « _ » (*underscore*) comme s'il s'agissait d'un caractère d'espacement.

- Les caractères accentués ne font pas partie non plus du code ASCII de base. Ils peuvent dès lors également poser parfois problème et certains utilisateurs préfèrent donc tout simplement ne pas les utiliser. Cependant, tant que vous vous contentez d'échanger des fichiers entre différentes versions du DOS et de Windows, les noms de fichiers contenant ces caractères ne posent pas de problèmes.

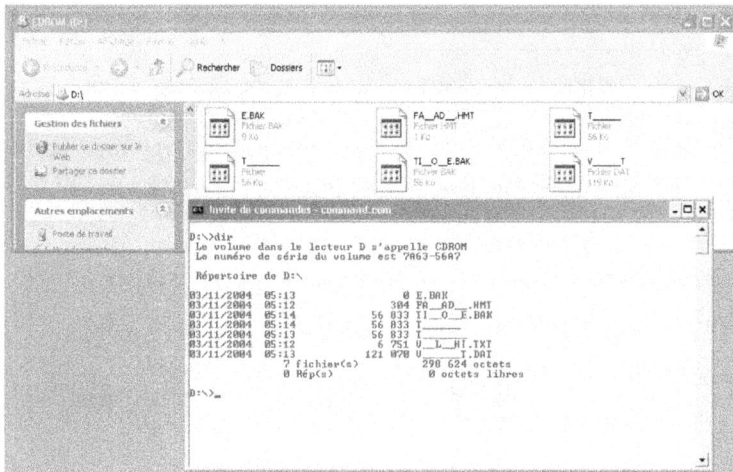

Des noms de fichiers corrects sous Mac deviennent illisibles sous DOS et Windows.

Les noms de fichiers de type long

Nous venons de voir que sous DOS les noms de fichiers ne répondant pas au format 8.3 pouvaient poser problème. Sachez cependant que sur les systèmes supportant les noms de fichiers dits « long » (par opposition aux noms de fichiers limités au format 8.3 qui se révèle, effectivement, très court !), sont beaucoup moins contraignants.

Par exemple, sur un système Windows 2000 ou XP, les noms de fichiers :

▶ peuvent atteindre jusqu'à 255 caractères ;

▶ peuvent contenir des caractères spéciaux ;

▶ peuvent contenir plus d'un point ;

▶ peuvent contenir des caractères d'espacement.

Si vous travaillez avec DOS supportant les noms de fichiers longs et que vous désirez utiliser un fichier contenant des caractères spéciaux (tels les caractères accentués), vous devez englober ce nom entre des guillemets.

Par exemple :

```
C:\> mkdir "répertoire très important"
C:\> dir
10/10/2004  11:47  <REP>  répertoire très important
```

■ La limitation du DOS à trois caractères de l'extension des noms des fichiers est à l'origine de bien des « extensions » : *.jpg*, *.gif*, *.png*, etc. Les systèmes Unix n'ont jamais connu cette limitation : l'extension d'un fichier Unix peut avoir plus de trois caractères. Sur Internet, par exemple, la majorité des fichiers au format HTML portent l'extension *.html* mais il existe encore aujourd'hui une proportion non négligeable de sites et de personnes qui utilisent l'extension *.htm*.

■ En résumé, le DOS utilise normalement le format 8.3, mais depuis Windows 95 le DOS peut utiliser des noms longs, à condition de placer le nom entre guillemets si celui-ci contient des caractères spéciaux.

Tandis que si on n'utilise pas les guillemets, le système crée trois répertoires :

```
C:\> mkdir répertoire très important
C:\> dir
...

10/10/2004  11:49  <REP>  répertoire
10/10/2004  11:49  <REP>  très
10/10/2004  11:49  <REP>  important
```

En effet, nous avons déjà vu que le caractère d'espacement servait, dans les commandes DOS, à délimiter la commande de ses options et de ses paramètres : il prend dès lors les trois mots « répertoire », « très » et « important » pour trois paramètres distincts au lieu d'un seul et crée donc trois répertoires.

> L'utilisation des caractères génériques « ? » et « ∗ », que nous verrons plus loin (voir page 80) se révèle fort pratique pour manipuler des noms de fichiers longs.

Les répertoires

Un répertoire peut contenir plusieurs fichiers ainsi que des sous-répertoires. Cette représentation fait penser à un arbre dont les répertoires seraient des branches et les fichiers des feuilles. On utilise donc souvent le terme d'« arborescence » pour qualifier la classification des fichiers sous DOS (ainsi que sous Windows, sous Mac et sous les systèmes Unix).

Quand un disque est formaté, il ne contient qu'un seul répertoire : le répertoire racine (ou *root*). Pour une disquette, ce répertoire racine est le A:\ tandis que pour un disque dur, les lettres commencent à partir de C:\ (C:\ pour la première partition du premier disque dur, D:\ pour la deuxième partition, etc.). Le répertoire racine, encore appelé répertoire principal, est donc indiqué par le caractère ASCII « \ » (ce caractère porte le nom de *backslash*).

- Les termes « répertoire » et « dossier » ont la même signification. En anglais, on rencontre souvent *directory* et *folder*.

- Ne confondez pas le caractère backslash (« \ ») utilisé sous DOS pour délimiter les répertoires, avec le caractère slash (« / ») utilisé sur les systèmes Unix et sur Internet pour délimiter les répertoires.

- L'arborescence n'est pas la seule façon de classer des fichiers. Il existe des systèmes de fichiers utilisant des bases de données relationnelles pour stocker les fichiers.

- Le caractère « \ » peut toujours s'obtenir en pressant sur les touches ‹ALT› puis ‹9› et ‹2› (sur le clavier numérique uniquement).

Les règles de conversion

Etant donné les différences entre les anciennes versions du DOS et les noms de fichiers utilisés sous Windows, ainsi que les différences entre les noms de fichiers sous Unix (notez d'ailleurs que Mac OS X possède un noyau Unix de type BSD) et sous Windows, il est utile de connaître les règles de conversion utilisée par le DOS et par Windows pour accéder aux fichiers non conformes.

Avant d'apprendre les règles de conversion, il faut savoir que :

▶ les noms de fichiers pour les premières versions du DOS sont limités au format 8.3 ;

▶ les noms de fichiers sous Windows 95, 98, Millennium et sur toutes les versions du noyau dérivé de NT (c'est-à-dire NT, 2000 et XP) peuvent contenir jusqu'à 256 caractères ainsi que des espaces ;

▶ dans toutes les versions du DOS et de Windows, les caractères suivants, classés par ordre ASCII, sont interdits : ?, ", \, /, ‹, ›, *, |.

Nous verrons plus loin que les caractères ? et * portent le nom de « caractères génériques » et remplissent une fonction spéciale (aussi bien sous

DOS, Windows et Unix). Le caractère « \ » sert à délimiter les répertoires, le caractère « / » sert à délimiter les répertoires sous Unix et les adresses Internet (ou URL) tandis que les caractères ‹, › et | servent à rediriger les entrées et sorties des commandes (sous DOS et sous Unix).

Lorsque Windows (par exemple 2000 ou XP) rencontre un caractère qui ne lui plaît pas dans un nom de fichier, le système remplace celui-ci par le caractère « _ » (*underscore*). Vous pouvez voir cela sur la capture d'écran présente à la page 73 : quelques caractères apparaissent correctement, mais la plupart ont été remplacés par le caractère « _ ».

De même, lorsqu'on se trouve sous DOS, les noms de plus de huit caractères subissent une transformation automatique : le septième caractère du nom est remplacé par le caractère nommé « ~ » (*tilde*, code ASCII 126) suivi d'un chiffre en guise de huitième caractère.

Par exemple, si on a quatre fichiers nommés :

1 exempleUn.txt

2 exempleDeux.txt

3 exempleTrois.bak

4 exempleQuatre.dat

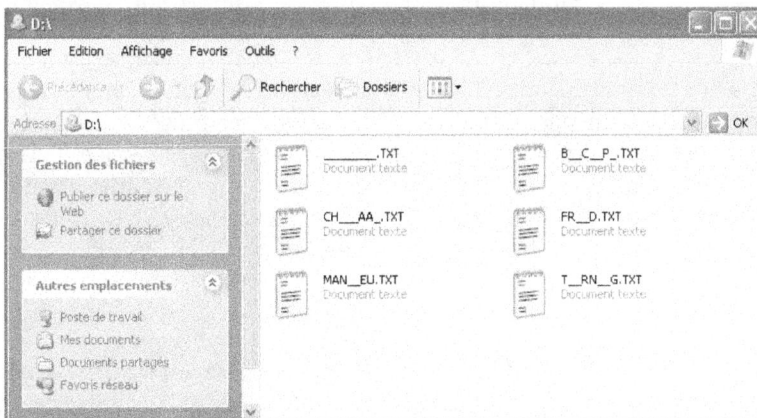

La conversion des noms de fichiers longs au format Unicode.

Ces fichiers deviendront, au format 8.3 :

1. exempl~1.txt
2. exempl~2.txt
3. exempl~1.bak
4. exempl~1.dat

Notez que s'il y a trop de fichiers qui partagent le même début de nom, les règles de conversions deviennent nettement plus compliquées et diffèrent un peu suivant que vous utilisez les règles de Windows 95, 98 et Millennium ou celles de Windows 2000 et XP.

- Si vous vous retrouvez avec un DOS qui ne gère pas les noms de fichiers longs, tel le DOS présent sur la « disquette de démarrage » créée par Windows 98, vous devez savoir que vous pouvez entrer le caractère « ~ » à l'aide de la combinaison de touche <ALT>+<1><2><3> (maintenez la touche <ALT> enfoncée, puis appuyez successivement sur <1>, <2> et <3>). Cela aura pour effet de forcer le DOS à introduire le caractère dont le code ASCII est 126. Vous pouvez également essayer avec d'autres codes, tel le code ASCII 92, correspondant au caractère « \ ». Notez toutefois que pour entrer ces chiffres, vous devez utiliser impérativement, dans ce cas-ci, le clavier numérique.

- Le format Unicode est un jeu de caractères conçu pour être universel : tous les langages de la planète sont supportés par ce jeu de caractères et on y a même incorporé des langues et des caractères n'étant plus utilisés (tels les hiéroglyphes). A l'heure actuelle, la norme Unicode 3.1 définit déjà plus de 65 000 caractères. De plus, cette norme est extensible : la représentation la plus utilisée de l'Unicode, appelée UTF-8, peut recevoir autant de nouveaux caractères que nécessaire.

- Tant que tous les systèmes ne seront pas passés au système Unicode, il reste délicat d'utiliser des caractères Unicode (par exemple des idéogrammes chinois) dans les noms de fichiers.

L'édition des fichiers texte

Lorsqu'on travaille avec le DOS, on a souvent besoin de modifier l'un ou l'autre fichier texte. Sous Windows, l'utilitaire Notepad peut servir à cet effet ; vous pouvez d'ailleurs appeler cet utilitaire depuis le DOS de Windows 2000 ou de Windows XP. Sur la capture d'écran ci-contre, on peut constater que l'utilisateur a appelé la commande notepad en spécifiant ensuite le nom d'un fichier (*todo.txt*), ce qui a pour effet de lancer notepad et d'ouvrir directement le fichier correspondant.

Par contre, si vous vous trouvez sous DOS, sans accès à l'interface graphique, vous devrez faire appel à la commande edit. Par exemple :

```
C:\> edit todo.txt
```

Cette commande a pour effet de lancer l'éditeur de texte *edit*, qui ouvre automatiquement le fichier nommé *todo.txt* présent dans le répertoire courant (C: dans notre exemple).

Pour accéder aux différents menus du programme *edit (Fichier, Edition, Recherche,* etc.), lorsque la souris n'est pas disponible, il faut utiliser la touche <ALT>. Par exemple, <ALT>+<F> ouvre le menu *Fichier*, dans lequel on peut trouver la commande *Quitter* pour revenir au DOS.

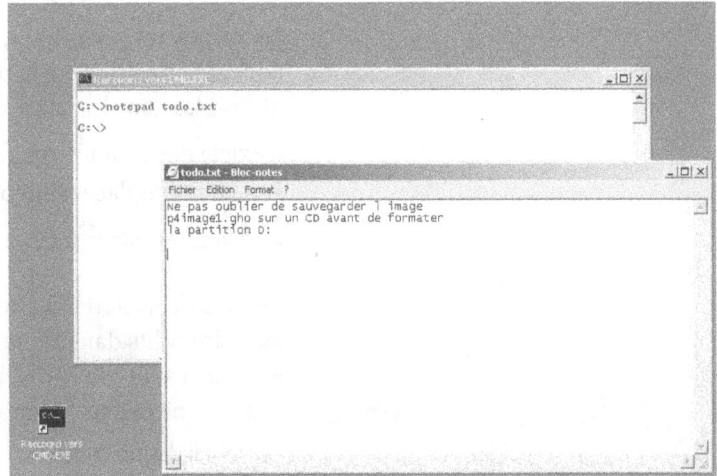

L'éditeur de texte Notepad appelé depuis Windows.

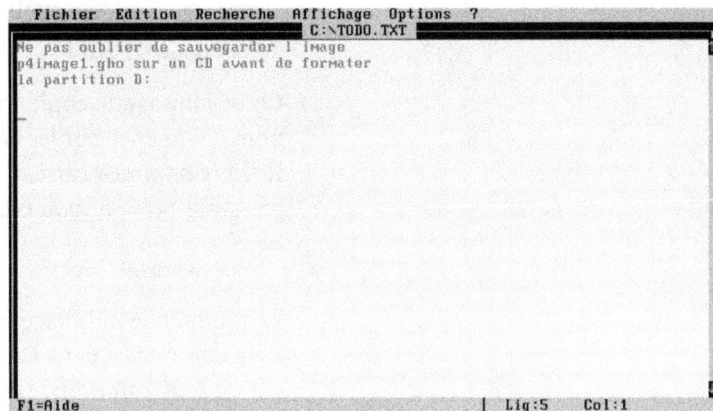

L'éditeur de texte Notepad appelé depuis le DOS.

Les caractères génériques

Les caractères génériques, appelés *wildcards* en anglais, sont des caractères pouvant être utilisés à la place de n'importe quel autre. Ils sont notamment utilisables dans les noms de fichiers.

Il existe deux caractères génériques sous DOS :

▸ * : qui remplace n'importe quelle suite de caractères autorisés ;

▸ ? : qui remplace un et un seul caractère autorisé.

Ces deux caractères ayant une signification spéciale, ils sont bien évidemment interdits dans les noms de fichiers. Par exemple, les noms *essai?.txt, exe*ple.doc* et *test?*.d*c* ne sont pas autorisés. Vous pouvez vérifier cela vous-même depuis n'importe quelle version du DOS :

```
C:\> mkdir car*eau
Syntaxe du nom de fichier, de répertoire ou de volume incorrecte.
C:\>
```

L'astérisque est le plus utilisé des deux caractères génériques du DOS. Il remplace n'importe quelle suite de caractères. Par exemple :

```
C:\> copy ca*.txt f:
```

Cette commande copie tous les fichiers portant l'extension *.txt* et dont le nom commence par les deux lettres « ca » sur le disque F:. Par exemple, les fichiers nommés *carreau.txt, cadre.txt* et *cale.txt* seront tous copiés, mais pas *crabe.txt* ni *acajou.txt*.

```
C:\> del essai*.doc
```

La commande *del* efface tous les fichiers portant l'extension *.doc* et dont le nom commence par « essai », tels *essai1.doc, essai2.doc* et *essaim.doc* mais pas *essa1.doc* ni *essai1.txt*.

Notez enfin que le caractère « * » peut aussi signifier « aucun caractère ». Ainsi, dans le premier exemple, le fichier *ca.txt* est copié sur le disque F: tandis que, dans le deuxième exemple, le fichier *essai.doc* est effacé.

Le caractère « ? » remplace quant à lui un et un seul caractère.

```
C:\> copy c?.txt f:
```

Cette commande copie tous les fichiers portant l'extension *.txt*, dont le nom contient exactement deux lettres et dont la première lettre est un « c » sur le disque F:. Par exemple, les fichiers *c1.txt, c2.txt* et *ca.txt* sont tous trois copiés sur le disque F: mais les fichiers *c1z.txt* et *ca.doc* ne le sont pas.

Contrairement au caractère « * », le caractère « ? » ne signifie pas « aucun caractère ». Ainsi, dans l'exemple précédent, le fichier *c.txt* n'est pas copié.

Il est également possible de combiner ces caractères génériques de nombreuses manières. Par exemple :

```
C:\EXEMPLE\> copy a*c??t.doc a:
```

L'exemple ci-dessus, peu réaliste, copie tous les fichiers dont le nom commence par un « a », suivi de n'importe quelle suite de caractères, suivi de la lettre « c », suivi de deux caractères (n'importe lesquels), suivi d'un « t » et dont l'extension est *.doc*. Ainsi, les fichiers *accent.doc, adjacent.doc,* et *arborescent.doc* sont copiés sur le disque A:.

Ces caractères génériques se révèlent donc très pratiques, notamment dans toutes les commandes DOS acceptant un ou plusieurs noms de fichiers en paramètre, soit la majorité des commandes DOS !

Les caractères génériques sont utilisés principalement de deux manières :

▸ pour ne pas avoir à entrer le nom d'un fichier en entier ;
▸ pour sélectionner plusieurs fichiers simultanément.

Sur les anciennes versions du DOS, ne supportant pas les noms de fichiers longs et ne disposant pas de la fonction d'*auto-completion* (voir page 83), le caractère générique « * » se révèle fort utile car il permet, notamment, d'éviter de devoir entrer le caractère « ~ », moins habituel.

Par exemple :

```
C:\TEMP\> dir
instal~1.txt       readme.nfo
```

```
C:\TEMP\> more in*.txt
```

La commande dir montre que le répertoire *temp* contient un fichier nommé « instal~1.txt » ; pour éviter d'avoir à entrer les caractères « stal~1 », on se contente de placer le caractère générique « * ».

Il existe une différence très importante dans la façon dont le caractère « * » gère le caractère « . » entre les anciennes versions du DOS et les versions du DOS sous-jacentes à Windows. Jusqu'au DOS 6.22, le caractère « * » ne remplace pas le caractère « . ». Dès lors, pour effacer tout un répertoire, par exemple, il faut utiliser la commande suivante :

```
C:\TEMP\> del *.*
```

Avec l'arrivée de Windows, le comportement du caractère « * » a changé puisqu'il remplace également le caractère « . », comme on peut le constater sur la capture d'écran ci-dessous. Ce comportement, plus logique, se rapproche d'ailleurs du comportement de ce même caractère sur les systèmes Unix. Soyez toutefois prudent : il peut se révêler beaucoup plus dangereux puisqu'il est possible d'effacer, à l'aide d'une commande *del* * tous les fichiers d'un répertoire (heureusement cela n'efface pas les sous-répertoires).

Windows XP refuse d'insérer le caractère «*» dans un nom de fichier.

La fonction d'auto-completion

Windows 2000 et Windows XP disposent d'une fonction fort pratique qui permet de compléter automatiquement le nom d'un fichier dont on a entré seulement quelques caractères. Dès qu'il y a suffisamment de caractères entrés pour supprimer toute ambiguïté, il suffit d'appuyer sur la touche <TAB> et le nom du fichier est complété automatiquement (bizarrement, certaines versions de Windows XP ne proposent pas cette fonctionnalité).

S'il y a plusieurs fichiers correspondants, on peut appuyer plusieurs fois sur <TAB>, ce qui aura pour effet de faire défiler, un par un, les choix possibles.

Par exemple :

```
C:> cd Do<tab>
C:> cd "Documents and Settings"
```

Vous remarquerez que le système ajoute automatiquement des guillemets lorsque c'est nécessaire.

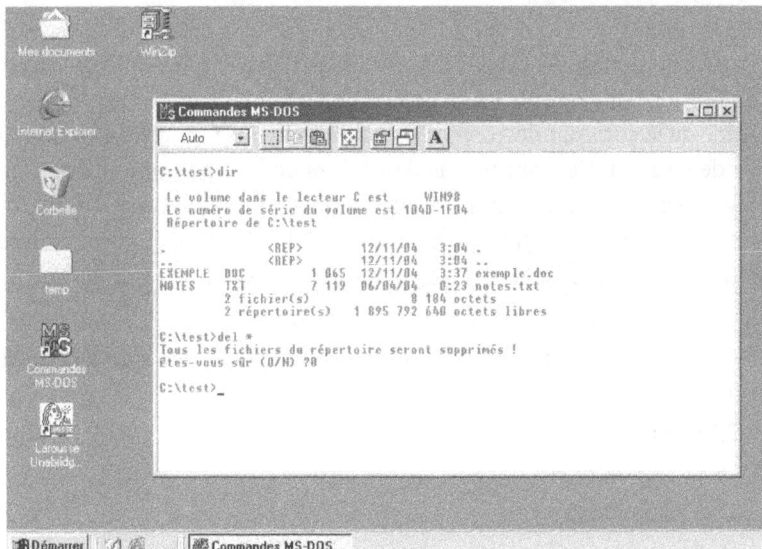

Dès l'arrivée de Windows, le comportement du caractère « * » a changé.

Les attributs

Sous DOS, chaque fichier, qu'il ait été créé sous DOS ou sous Windows, dispose de quatre « attributs » :

▶ *Read-only* (lecture seulement) ;

▶ *Archive* ;

▶ *System* (système) ;

▶ *Hidden* (caché).

Lorsque l'attribut *read-only* est mis, l'accès au fichier est autorisé en lecture mais vous ne pouvez modifier ce fichier d'aucune manière : il vous est seulement permis de le consulter. Par exemple, si le fichier *essai1.txt* possède l'attribut *R* et qu'on essaye de l'effacer :

```
C:\> del essai1.txt
C:\essai1.txt
Accès refusé.
C:\>
```

L'attribut *archive* est censé être mis lorsqu'il existe une copie de sauvegarde du fichier, par exemple lors d'une copie du fichier sur un disque amovible à l'aide de la commande *xcopy*. Dès qu'un fichier est modifié, l'attribut archive de ce fichier est supprimé. Ainsi, lors de la prochaine utilisation d'un logiciel de sauvegarde, celui-ci sait quels sont les fichiers qu'il doit archiver. Cette convention n'est toutefois pas respectée par tous les programmes.

L'attribut *système* sert à différencier les fichiers appartenant au système (c'est-à-dire au noyau du DOS ou au noyau de Windows) des autres fichiers. Par exemple, dans le répertoire C:, les fichiers *boot.ini*, *io.sys* et *msdos.sys* sont tous trois des fichiers « système » :

```
C:\> attrib boot.ini
   SH    C:\boot.ini
C:\> attrib io.sys
```

A SHR   C:\IO.SYS
C:\> attrib msdos.sys
A SHR   C:\MSDOS.SYS

L'attribut *caché* permet de dissimuler quelque peu un fichier. Ces fichiers alors n'apparaissent plus, par exemple, dans la liste des fichiers affichée par l'explorateur de Windows. De même, certaines commandes n'ont plus d'effet sur eux. Vous pouvez ainsi constater sur la capture d'écran ci-dessous qu'après avoir effacé tous les fichiers du répertoire *temp* (à l'aide de la commande *del **), si on essaye d'effacer ce répertoire *temp* (*rmdir temp*) le système nous en empêche en indiquant que le répertoire n'est pas vide : en effet, le fichier *exemple.txt* possède l'attribut caché et n'a pas donc pas été effacé.

> Nous reviendrons plus en détail sur la commande *attrib* dans le chapitre 7 – *Les principales commandes* (voir page 163).

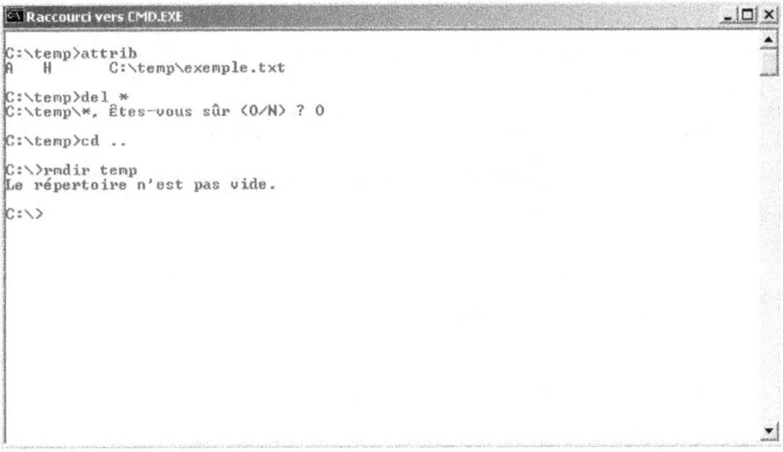

La commande *del* n'efface pas les fichiers cachés.

Le changement de répertoire

Lorsqu'on travaille sous DOS, la plupart des commandes travaillent depuis ce qu'on appelle le répertoire courant. Celui-ci, indiqué dans l'invite de commandes, représente le répertoire où on se trouve. Par exemple, l'invite de commandes suivante :

```
C:\Documents and Settings\Jean>
```

indique qu'on se trouve dans le sous-répertoire *Jean* du répertoire *Documents and Settings*, lui-même présent à la racine du disque dur (C:).

Pour copier le fichier *compta2004.zip* depuis ce répertoire à la racine du disque F:, on pourrait entrer la commande suivante :

```
C:\Documents and Settings\Jean> copy "C:\Documents and
   Settings\Jean\compta2004.zip" f:
```

Toutefois, étant donné qu'on se trouve déjà dans ce répertoire, on peut se contenter d'entrer la commande comme ceci :

```
C:\Documents and Settings\Jean> copy compta2004.zip f:
```

La commande copy recherche alors automatiquement le fichier compta2004 dans le répertoire courant.

Par contre, la commande suivante ne fonctionne pas :

```
C:\Documents and Settings> copy compta2004.zip f:
Le fichier spécifié est introuvable.
```

En effet, vous pouvez constater que nous nous trouvons dans le répertoire *C:\Documents and Settings* et non dans *C:\Documents and Settings\Jean*. Pour remédier à ce problème, il existe deux solutions :

1. fournir le chemin d'accès complet au fichier *compta2004.zip* ;
2. se rendre dans le sous-répertoire Jean avant de lancer la commande *copy*.

Cette seconde solution s'avère généralement plus rapide. Dans de rares cas, vous préférerez rester dans le répertoire courant pour, par exemple, y traiter d'autre fichiers, puis vous entrerez une commande travaillant avec un fichier présent dans un autre répertoire, avant de continuer à traiter les fichiers du répertoire courant. Par exemple :

```
C:\archives\> cp *.zip  f:
C:\archives\> cp "Documents and Settings\Jean\compta2004.zip"  f:
C:\archives\> del *.zip
```

Vous déciderez donc de changer ou non de répertoire en fonction du nombre de manipulations à faire avec le ou les fichiers d'un répertoire donné.

La commande la plus courante pour changer de répertoire, et peut-être même la plus utilisée du DOS, c'est la commande *cd* (pour *change directory*), qui permet de se déplacer depuis un répertoire vers un autre répertoire.

Imaginons un système de fichiers qui comporterait notamment les répertoires suivants :

```
C:\
    articles\
        \juin
        \juillet
    temp\
        archives\
        désordre\
```

Si nous nous trouvons à la racine du disque C:, nous pouvons nous rendre dans le répertoire *articles* en entrant la commande :

```
C:\> cd  articles
C:\articles>
```

Le système nous confirme d'ailleurs, par l'intermédiaire de l'invite, que nous nous trouvons bien dans le répertoire *articles*.

On peut ensuite se rendre dans le répertoire juin :

C:\articles> cd juin

C:\articles\juin>

Après être descendu dans l'arborescence du système de fichiers, il est possible de « remonter » d'un niveau en utilisant la commande *cd* .., quel que soit le répertoire dans lequel on se trouve. Par exemple :

C:\articles\juin> cd ..

C:\articles\> cd ..

C:\>

Notez que, dans ce cas, il est plus court de se rendre directement à la racine du disque C: en entrant la commande *cd \.*

Les caractères génériques peuvent également être utilisés avec la commande CD : sur la capture d'écran ci-dessous, on peut notamment constater que l'on se rend, depuis le C:, dans le répertoire *Documents and Settings*, en entrant simplement « cd do∗ ».

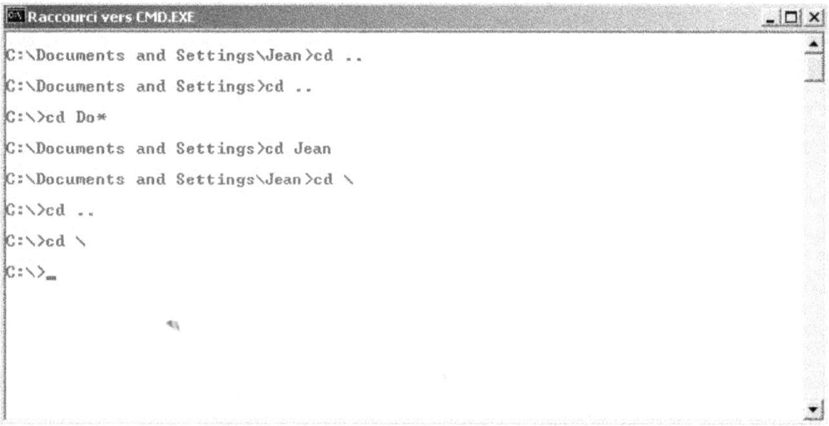

```
C:\Documents and Settings\Jean>cd ..
C:\Documents and Settings>cd ..
C:\>cd Do*
C:\Documents and Settings>cd Jean
C:\Documents and Settings\Jean>cd \
C:\>cd ..
C:\>cd \
C:\>_
```

Différents exemples d'utilisation de la commande *cd*.

Depuis Windows 2000, il est également possible d'utiliser les commandes *pushd* et *popd* pour se déplacer à travers les différents répertoires du système. Ces commandes sont utiles si vous désirez quitter un répertoire quelques instants avant d'y revenir. Par exemple, si vous vous trouvez dans le répertoire *C:\Documents\ Jean* et que vous désirez vous rendre momentanément dans le répertoire *C:\WINNT*, vous pouvez utiliser la commande *pushd* :

```
C:\Documents\Jean\>  pushd  c:\winnt
C:\WINNT\>
```

Ensuite, pour revenir au répertoire précédent, il suffit d'utiliser la commande *popd* :

```
C:\WINNT\>  popd
C:\Documents\Jean\>
```

■ La commande *cd* utilisée sans aucun argument n'a, sous DOS, aucun effet. Ce comportement est différent des systèmes Unix sous lesquels la commande *cd* a toujours pour effet d'assigner le répertoire principal de l'utilisateur (tel */home/pierre*) au répertoire courant.

■ Lorsqu'on se trouve à la racine d'un disque, la commande *cd* .. n'a aucun effet.

Les caractères représentant des répertoires

Nous avons déjà vu que certains caractères jouaient un rôle particulier sous DOS. La répétition de deux points « .. » indique le répertoire parent. Il est ainsi possible, nous venons de le voir, de se déplacer dans le répertoire parent en entrant la commande *cd* ... Il est également possible d'utiliser ces caractères avec les autres commandes DOS. Ainsi, pour copier un fichier depuis le répertoire courant vers le répertoire parent, on peut utiliser la commande suivante :

```
C:\TEST\>  copy  notes.txt  ..
C:\TEST\>
```

Le fichier *notes.txt* a été copié dans le répertoire parent (c'est-à-dire C:), sans pour autant qu'on s'y soit déplacé.

Le caractère « . », lorsqu'il est isolé, joue également un rôle bien particulier : il représente le répertoire courant. Ainsi, lorsqu'une commande utilise ce caractère, c'est comme si le nom du répertoire courant était entré. Par exemple, les commandes :

```
C:\archives\juin\> copy c:\ancien\Jean\compta04.zip c:\archives\juin
```

et :

```
C:\archives\juin\> copy c:\ancien\Jean\compta04.zip  .
```

sont équivalentes.

Cette commande est généralement utilisée pour déplacer un ou plusieurs fichiers depuis un autre répertoire vers le répertoire courant.

> Etant donné que le caractère « . » représente le répertoire courant, la commande « cd . », qui est correcte, n'a, contrairement à la commande « cd .. », aucun effet.

Les entrées et sorties de données

Le DOS suppose que les entrées des différentes commandes proviennent du clavier et que les sorties doivent être dirigées vers l'écran (c'est-à-dire affichées dans la fenêtre DOS). Ces flux de données peuvent toutefois être modifiés.

Les entrées standards

Les entrées d'un programme sont les données dont le programme a besoin pour travailler. Ces entrées peuvent provenir de différentes sources :

- du clavier ;
- d'un fichier ;
- du système ;
- d'une autre commande.

La plupart des commandes peuvent travailler avec n'importe quel type de source de données ; c'est pourquoi on parle d'entrées standards. C'est ainsi que la commande DOS *more* peut aussi bien recevoir des données en provenance d'un fichier que des données en provenance d'une autre commande.

Certaines commandes n'obtiennent leurs entrées que d'une seule source. L'exemple le plus courant en est la commande *vol* :

```
C:\Documents and Settings\Pierre\> vol
  Le volume dans le lecteur C n'a pas de nom.
  Le numéro de série du volume est EC42-8780
C:\>
```

Ici, les données servant d'entrée à la commande proviennent du disque dur (nom et numéro de série).

De même, certaines commandes peuvent complètement se passer d'entrées et de sorties. Ainsi la commande *cls,* par exemple, se contente d'effacer l'écran : elle ne reçoit aucune entrée et n'affiche aucun texte à l'écran.

Les sorties standards

Les sorties d'un programme sont le ou les résultats fournis par un programme. Ces sorties peuvent atteindre différentes destinations :

▸ l'écran ;

▸ un fichier ;

▸ le système ;

▸ l'imprimante ;

▸ une autre commande.

La plupart des commandes peuvent envoyer leurs sorties vers différentes destinations, c'est pourquoi l'on parle de sorties standards. Par exemple, la commande *dir* envoie son résultat vers une sortie standard qui est, par défaut, l'écran.

Certaines commandes ne travaillent pas avec les sorties standards. C'est le cas notamment des commandes travaillant avec des fichiers (*copy, mkdir,* etc.).

La redirection des entrées/sorties

L'entrée standard est le clavier (par l'intermédiaire de la fenêtre du DOS). La sortie standard est l'écran (par l'intermédiaire de la fenêtre du DOS).

Le DOS permet de rediriger les entrées et sorties. En utilisant la redirection, les entrées et sorties peuvent travailler avec des fichiers en lieu et place du clavier et de l'écran.

Pour indiquer qu'une redirection doit être effectuée, on utilise un symbole de redirection. Il s'agit généralement des signes « ‹ » et « › ». Ces symboles se placent après les commandes qu'ils concernent.

Voici les différents symboles de redirection :

symbole	signification
‹ *fichier*	utilise le fichier spécifié comme entrée standard
› *fichier*	utilise le fichier spécifié comme sortie standard (très souvent utilisé)
›› *fichier*	utilise le fichier spécifié comme sortie standard en le complétant s'il existe déjà

```
C:\>dir > test.txt

C:\>more test.txt
 Le volume dans le lecteur C n'a pas de nom.
 Le numéro de série du volume est F4CC-8CB9

 Répertoire de C:\

02/11/2004  08:24                 0 AUTOEXEC.BAT
02/11/2004  08:24                 0 CONFIG.SYS
02/11/2004  21:56    <REP>          Documents and Settings
12/11/2004  00:47    <REP>          exemple
02/11/2004  08:24                 0 exemple.txt
03/11/2004  01:26    <REP>          IntelliJ-IDEA-4.5
03/11/2004  01:49    <REP>          j2sdk1.4.2_06
06/11/2004  08:47    <REP>          LAROUSSE
05/11/2004  19:57    <REP>          Program Files
03/11/2004  01:38    <REP>          Sun
06/11/2004  08:46    <REP>          temp
13/11/2004  04:05                 0 test.txt
06/11/2004  08:56    <REP>          WINDOWS
               4 fichier(s)              0 octets
               9 Rép(s)   2 351 034 368 octets libres

C:\>_
```

La sortie de la commande *dir* est redirigée dans un fichier nommé *test.txt*.

Voici quelques exemples :

```
C:\> dir > test.txt
```

Le résultat de la commande *dir* est écrit dans le fichier *test.txt* au lieu d'être affiché à l'écran.

```
C:\> more < urgent.txt
```

La commande *more* affiche le contenu du fichier *urgent.txt* (entrée standard) à l'écran (sortie standard).

```
C:\> dir a: >> test.txt
C:\>
```

La commande *dir* ajoute la liste des fichiers contenus sur la disquette au fichier *test.txt*. Si le fichier *test.txt* n'existe pas, il est créé.

```
C:\> copy urgent.txt archives
Le fichier spécifié est introuvable.
C:\> copy urgent.txt archives > infos.txt
C:\>
```

Notez qu'il faut être prudent avec la redirection des sorties sous DOS : dans l'exemple ci-dessus, le message d'erreur est inscrit dans le fichier *infos.txt* mais n'apparaît pas à l'écran (ce qui pourrait vous induire en erreur).

- Le symbole de redirection des sorties (>) est plus utilisé que le symbole de redirection des entrées (<). Ceci est dû au fait que la plupart des commandes utilisent, par défaut, des fichiers comme entrées. Il ne faut donc rien rediriger. Par exemple :

  ```
  C:\> more urgent.txt
  ```

  est équivalent à :

  ```
  C:\> more < urgent.txt
  ```

- Le principe de la redirection des entrées-sorties est fort similaire sur les systèmes Unix. La principale différence réside dans le fait que, sur les systèmes Unix, les erreurs ne font pas partie de la sortie standard.

C:\> more infos.txt

Le fichier spécifié est introuvable.

Le fichier *infos.txt* contient le texte « Le fichier spéficié est introuvable » et ce message est donc affiché à l'écran lorsqu'on appelle la commande *more*.

C:\> type infos.txt > prn

Le fichier *infos.txt* est redirigé vers le périphérique « prn », c'est-à-dire l'imprimante (cela ne fonctionne qu'avec les imprimantes connectées sur le port parallèle de l'ordinateur).

Les filtres et les tubes

Un filtre traite d'une façon ou d'une autre les informations qu'il reçoit. Sous DOS, on parle de filtre dès que deux commandes sont combinées. Ces commandes peuvent être combinées à l'aide des opérateurs « ‹ » et « › » ou à l'aide d'un opérateur spécial, appelé « tube ».

Les tubes sont encore plus importants que les symboles de redirection des entrées/sorties « ‹ » et « › ». Les tubes permettent de « connecter » des commandes. La différence entre les tubes et les autres symboles de redirection est qu'au moyen d'un tube les données ne doivent pas transiter par un fichier intermédiaire.

```
Invite de commandes                                              _
Structure du dossier
Le numéro de série du volume est 71F1E346 F4CC:8CB9
C:.
├───Documents and Settings
│   ├───Administrateur
│   │   ├───Bureau
│   │   ├───Favoris
│   │   ├───Menu Démarrer
│   │   │   └───Programmes
│   │   │       ├───Accessoires
│   │   │       │   ├───Accessibilité
│   │   │       │   └───Divertissement
│   │   │       └───Démarrage
│   │   └───Mes documents
│   ├───All Users
│   │   ├───Bureau
│   │   ├───Documents
│   │   │   ├───Ma musique
│   │   │   │   └───Échantillons de musique
│   │   │   └───Mes images
│   │   │       └───Échantillons d'images
│   │   ├───Favoris
│   │   └───Menu Démarrer
│   │       └───Programmes
├── Suite ───
```

La sortie de la commande *tree* est redirigée.

Les commandes utilisant les tubes sont reliées par le symbole « | » (<ALT>+<I><2><4>, en utilisant le clavier numérique).

Si une commande affiche, comme résultat, beaucoup de lignes à l'écran, il est intéressant de pouvoir stopper l'affichage après chaque page : plutôt que de rajouter une option à chaque commande, on profite des redirections. Par exemple :

```
C:\> dir /s | more
```

Les sorties de la commande *dir* sont envoyées directement à la commande *more* et l'affichage de la commande *dir* est donc pausé après chaque page.

Vous pouvez voir sur la capture d'écran à la page précédente que la sortie, plutôt exhaustive, de la commande *tree* exécutée depuis la racine du disque dur bénéficie d'une pause grâce à la commande *more*.

Il est également possible d'enchaîner plusieurs commandes. Par exemple :

```
C:\> dir /s /b *ab*.* | sort | more
```

Cette commande trouve tous les fichiers du disque dur dont le nom contient les deux lettres « ab » avant de trier le résultat puis de l'afficher à l'écran en marquant un arrêt à chaque page (notez que le tri s'effectue, dans ce cas, d'abord sur le nom des répertoires, puis sur le nom des fichiers).

> Certaines commandes disposent d'une option permettant de commander automatiquement une pause à l'affichage. C'est le cas, par exemple, de la commande *dir* (qui propose l'option /p). Cependant, pour ne pas avoir à retenir par coeur quelles sont les commandes proposant ce type d'option, il est pratique d'utiliser un filtre.

La structure du système de fichiers

La manière dont les fichiers sont structurés sur le disque dur varie quelque peu suivant qu'on travaille sous DOS ou sous Windows.

La racine sous DOS 6

A la racine, on retrouve toujours quelques fichiers dits « systèmes ». Il s'agit de fichiers particulièrement importants pour le système d'exploitation.

Par exemple, sous DOS 6, on retrouve à la racine du disque dur, les fichiers suivants :

- *io.sys* ;
- *msdos.sys* ;
- *command.com* ;
- *autoexec.bat* ;
- *config.sys*.

Les fichiers *io.sys*, *msdos.sys* et *command.com* sont nécessaires au bon fonctionnement du DOS 6 et ne sont pas interchangeables avec des fichiers du même nom qui proviendraient d'une autre version du DOS.

Les fichiers *config.sys* et *autoexec.bat* contiennent différents paramètres de configuration du DOS mais ne sont pas obligatoires. Dans l'ordre, le DOS charge les fichiers *io.sys*, *msdos.sys*, *command.com* puis, s'ils existent, *config.sys* et *autoexec.bat*.

Le fichier config.sys

Sous DOS 6, le fichier *config.sys* est responsable de la configuration des différents périphériques (souris, carte son, etc.) ainsi que des différents gestionnaires de mémoire et du type de clavier à utiliser (*azerty fr*, *azerty be*, *qwerty*, etc.).

La gestion de la mémoire sur les anciennes versions du DOS était particulièrement délicate et il fallait recourir à toutes sortes d'astuces pour pouvoir utiliser plus que 640 Ko (!) de mémoire. C'est pourquoi le fichier *config.sys* contenait souvent des lignes telles :

```
Device=C:\DOS\Himem.sys ;
Device=C:\DOS\Emm386.exe.
```

Le fichier autoexec.bat

Le fichier *autoexec.bat*, exécuté juste après le fichier *config.sys*, contient les programmes permettant de configurer l'environnement de l'utilisateur. On peut, par exemple, y modifier l'invite de commandes et y exécuter des fichiers batch (fichier de script).

Voici un exemple d'un fichier *autoexec.bat* ne contenant que deux lignes :

```
cls
prompt=$p$g
```

La première commande, *cls*, efface l'écran tandis que la seconde commande, *prompt*, configure l'invite du système.

Mis à part les fichiers de la racine, le DOS 6.22 contient principalement un répertoire important, nommé « DOS », qui comporte toutes les commandes externes du DOS, telle la commande *format*.

La racine sous Windows 98

Certains fichiers présents à la racine d'un système Windows 98 sont identiques à ceux des anciens DOS. On retrouve notamment les fichiers suivants :

▶ config.sys ;

▶ io.sys ;

▶ msdos.sys ;

▶ autoexec.bat.

On trouve également de nouveaux fichiers (principalement des fichiers dits « de log », c'est-à-dire des fichiers contenant des informations quant au déroulement du démarrage et de l'exécution du système) :

▶ netlog.txt ;

▶ bootlog.txt ;

▶ setuplog.txt.

Ainsi que des nouveaux répertoires :

▸ Windows ;

▸ Mes Documents ;

▸ Program Files.

Ces deux derniers répertoires marquent le début de l'utilisation des noms de fichiers longs par Microsoft et on peut constater, sur la capture d'écran ci-dessous, que sous DOS les premiers problèmes d'affichage commencent : « Mes Documents » apparaît comme étant « mesdoc~1 » tandis que « Program Files » apparaît comme « progra~1 ».

Le dossier *Mes Documents* est, après l'installation de Windows, presque vide.

Le répertoire *Program Files* contient différents répertoires, correspondant à différentes applications spécifiques à Windows, qui ne fonctionnent pas sous DOS (Internet Explorer, Outlook Express, Windows Media Player, etc.).

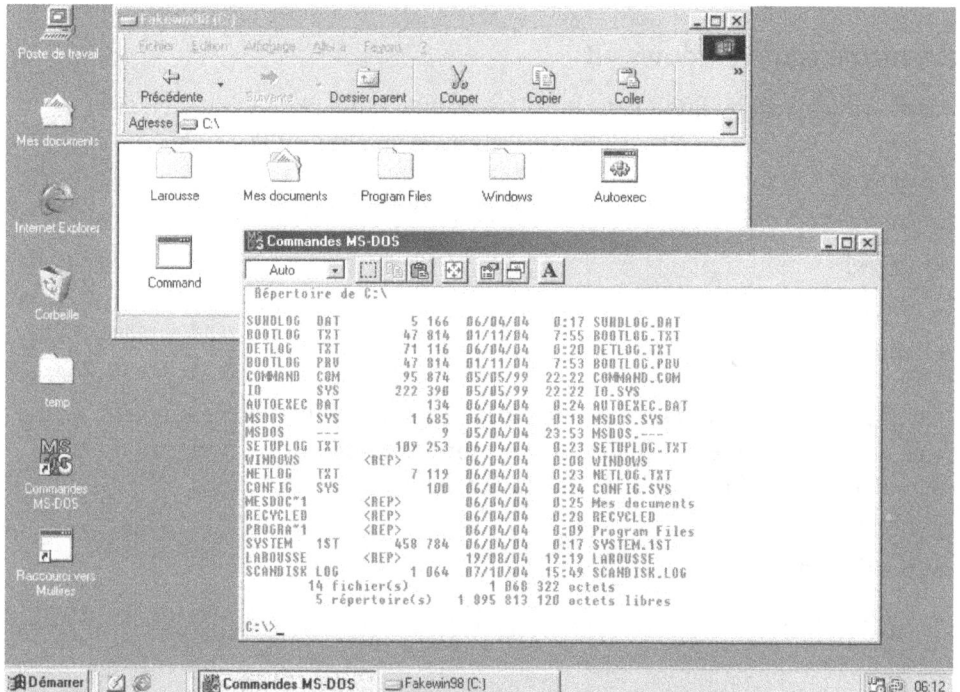

La racine de Windows 98 vue par l'explorateur et par le DOS.

Le répertoire Windows contient de nombreux sous-répertoires dont :

▸ system ;

▸ command ;

▸ inf ;

▸ help ;

▸ bureau ;

▸ temp.

Le sous-répertoire system contient de nombreux fichiers exécutables spécifiques à Windows (mais appelables depuis une fenêtre DOS, tel *dxdiag*) ainsi que de nombreux fichiers *.dll*.

Par contre, le répertoire *DOS* a disparu : certaines commandes qu'il contenait se trouvent à présent dans le répertoire *c:\windows\command*. On retrouve notamment dans ce répertoire les commandes suivantes :

▸ *doskey* ;

▸ *format* ;

▸ *fdisk* ;

▸ *sort*.

On peut d'ailleurs constater, à l'aide de la commande set, que la variable PATH réfère notamment au répertoire *c:\windows\command*.

La racine sous Windows 2000 et XP

Les systèmes Windows 2000 et XP sont basés sur le noyau Windows NT. On trouve dès lors plusieurs fichiers faisant référence à NT à la racine de ces systèmes, dont :

▸ ntldr (ce fichier n'a pas d'extension) ;

▸ ntdetect.com.

D'ailleurs, sur certaines versions, par exemple sur Windows 2000 professionnel, le répertoire par défaut de Windows s'appelle *winnt*.

Pour pouvoir démarrer, Windows 2000 et XP nécessitent, au minimum, la présence des fichiers et répertoires suivants :

▸ ntldr ;

▸ ntdetect.com ;

▸ boot.ini ;

▸ le répertoire principal de Windows (nommé, par exemple, *winnt* ou *windows*).

La structure du système sous Windows 2000 et XP est quelque peu différente des versions précédentes de Windows du fait du réel environnement multi-utilisateurs. Par exemple, plusieurs utilisateurs peuvent se connecter à ces systèmes, chaque utilisateur se voyant alors attribuer un mot de passe personnel et des répertoires lui étant propres.

Chaque utilisateur dispose notamment d'un répertoire nommé *Mes Documents* : il ne s'agit pas là d'un seul répertoire mais bien d'un répertoire *Mes Documents* par utilisateur du système.

La structure de base ressemble à ceci :

```
C:\
    Documents and Settings
        All Users
            Bureau
        nom d'utilisateur 1 (par exemple Jean)
            Mes Documents
            Bureau
        nom d'utilisateur 2 (par exemple Pierre)
            Mes Documents
            Bureau
    Program Files
    WINNT (ou Windows)
```

On peut constater qu'il existe également plusieurs répertoires nommés *Bureau* : un par utilisateur sur le système, plus un contenant les raccourcis communs à tous les utilisateurs. Ainsi si vous installez, par exemple, l'excellent (et gratuit) navigateur Web Firefox sur votre système pour tous les utilisateurs, un seul raccourci vers le navigateur est créé sur le système, dans le sous-répertoire *All Users* et, comme vous pouvez le constater sur la capture d'écran ci-contre, tous les utilisateurs y ont accès.

Notez que dès que vous commencez à modifier votre système, la structure peut s'en trouver transformée. Vous ne devez pas oublier de tenir compte des raccourcis, qui n'existaient pas sous DOS et qui permettent, depuis Windows 2000, de se rendre d'un endroit à un autre sans passer par tous les répertoires intermédiaires. Ces fichiers portent, sous, DOS, l'extension *.lnk*.

Par exemple :

```
C:\Documents and Settings\Jean\essai> dir
14/08/2004   15:37       410   Raccourci vers archive.lnk
```

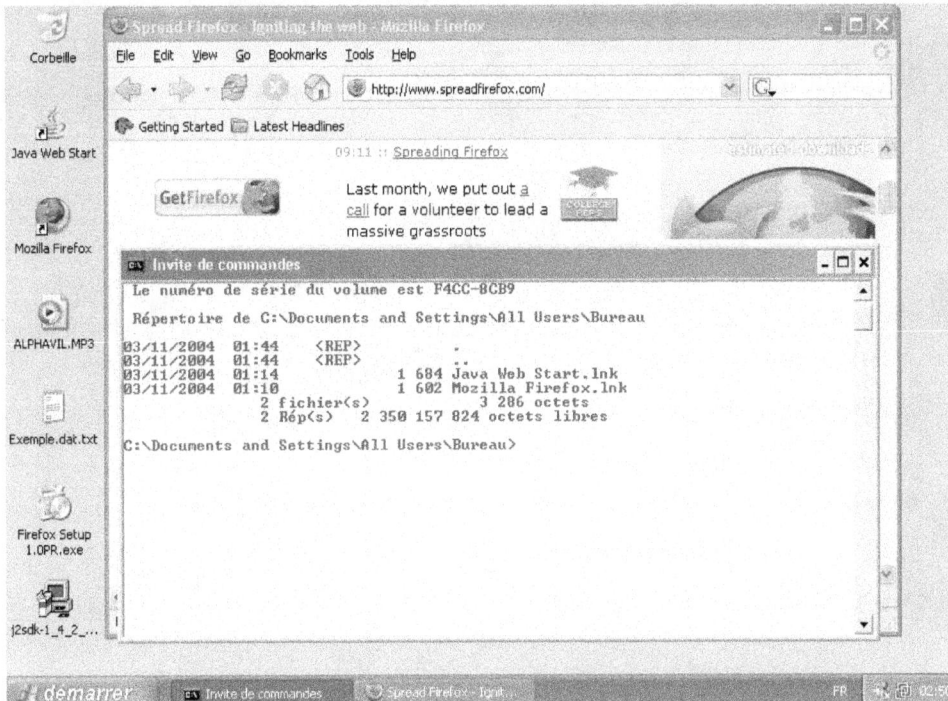

Le raccourci vers le logiciel Firefox se trouve dans le répertoire *All Users*.

Avant de terminer ce tour d'horizon des différents types de structures des systèmes DOS et Windows, vous devez savoir que certains programmes ne respectent pas la structuration des fichiers de Windows 2000 ni de Windows XP et continuent à s'installer comme si le système était équipé de Windows 95 et 98. Un nouveau répertoire *Mes Documents* (ou *My Documents*) peut alors venir s'ajouter à la racine du disque C: alors qu'il existe déjà, à d'autres endroits, plusieurs répertoires nommés de cette façon !

- Puisque certains fichiers sont cachés, il faut ajouter l'option *-A* à la commande *dir* pour pouvoir les visualiser depuis le DOS.

- Il est amusant de constater que les systèmes Windows 2000 et XP contiennent un joyeux mélange de noms d'une part en français (par exemple *Mes Documents*) et d'autre part en anglais (par exemple *All Users*).

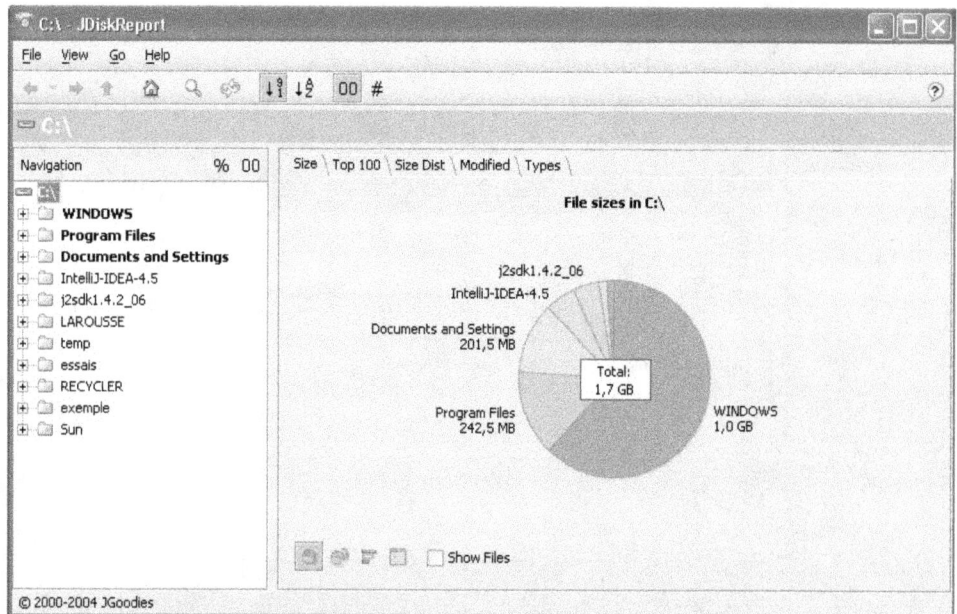

L'organisation du disque dur vue par le programme JDiskReport. On peut constater que les répertoires *Windows* et *Program Files* occupent une place considérable.

Les fichiers cachés sous Windows

Par défaut, Windows n'affiche pas certains fichiers : aucune icône n'apparaît pour les fichiers cachés. De même, leur extension n'est pas affichée. Un fichier s'appelant réellement « notes.txt » apparaîtra en tant que « notes » sous Windows : l'utilisateur est censé reconnaître le type de chaque fichier d'après l'icône lui étant associée.

Si vous désirez modifier ce comportement, vous pouvez effectuer les opérations suivantes :

- ouvrir un dossier (par exemple le C:) ;
- ouvrir le menu Outils ;
- choisir Options des dossiers ;
- cliquer sur l'onglet Affichage ;
- décocher l'option Masquer les extensions des fichiers dont le type est connu ;
- cocher l'option Afficher les fichiers et les dossiers cachés.

Vous pouvez cocher d'autres options si elles vous semblent utiles. Sur la capture d'écran ci-contre, on peut notamment constater que l'option *Afficher le chemin complet dans la barre de titre* a été sélectionnée : c'est pratique pour voir du premier coup d'oeil dans quel répertoire se trouve un fichier.

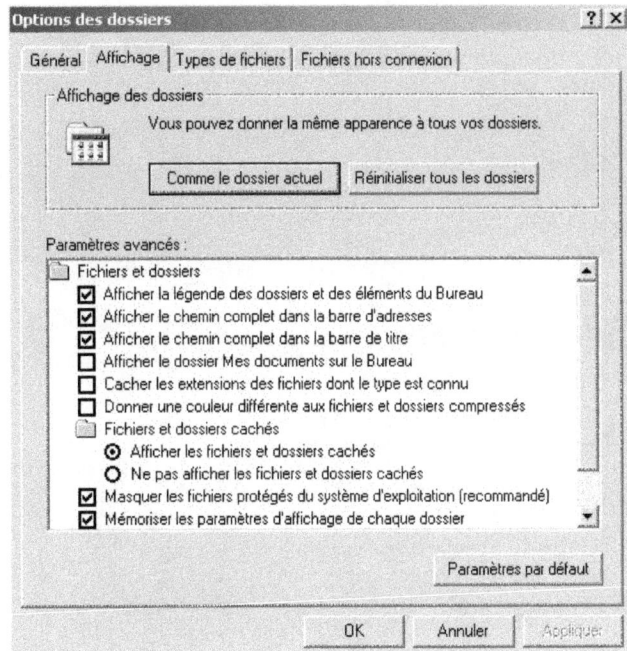

La modification des paramètres d'affichage des fichiers.

CHAPITRE 5
LE DOS ET INTERNET

Le DOS n'a jamais été conçu dans le but d'aller sur Internet. La plupart des utilisateurs de PC possédaient déjà un système muni d'une interface graphique, tel Windows, quand Internet s'est généralisé. Dès lors, lorsqu'on parle de « L'Internet sous MS-DOS », on se réfère généralement à la résolution des problèmes et à l'optimisation de la connexion.

Un navigateur Web sous DOS

Il existe malgré tout quelques navigateurs Internet tournant sous DOS. Le plus célèbre des navigateurs en mode texte à l'heure actuelle s'appelle Lynx. Il s'agit d'un navigateur gratuit fonctionnant sur les systèmes Unix et ayant été porté sous DOS. Dans un premier temps, une conversion intégrale a été effectuée et s'est appelée DOSLynx et, ensuite, une version encore plus allégée de ce navigateur DOS est apparue sous le nom de Bobcat.

Bien évidemment, l'interface d'un navigateur de ce genre ne peut pas rivaliser avec un navigateur graphique : tout est affiché en mode texte et les images sont tout simplement supprimées. Comme vous pouvez le constater sur la capture d'écran à la page suivante, la page Web a une présentation plutôt austère.

Il existe également des clients DOS pour les services Internet autres que le Web : il est ainsi possible d'obtenir un client telnet, un logiciel de messagerie, etc. Et l'interface en mode texte est, dans tous les cas, toujours aussi dépouillée !

Ce programme n'est montré ici qu'à titre d'exemple : nous ne vous conseillons pas de surfer sur le Web à l'aide d'un tel navigateur.

```
                                                              Lynx Information

              News: Lynx 2.7 has been released.
                            Lynx


    Lynx is a text browser for the World Wide Web. Released versions  run
    on VMS and various versions of Un*x. A port to Win32, and to DOS 386+
    via DJGPP are included in the   current developmental version.


    * How to get Lynx, and much more information, is available at  Lynx
      links.
    * Many user questions are answered, and links to useful resources
      collected, in the  online help provided with Lynx. Press the
      question-mark <?> key to access this help; browse around a bit.
    * If you are encountering difficulty with Lynx you may write to
      help@lynx.browser.org. The developers definitely want to hear if
      you have trouble with the current version of the code. Trouble
      reports from earlier versions are listened to politely; many
      trouble spots have been fixed in later releases.
    * At this site,  Lynxrp is a developmental version.


    _____
    Maintained by  lynxdev@browser.org.
    http://www.slcc.edu/lynx
```

Une page Web vue depuis le navigateur DOSLynx.

Le fonctionnement d'Internet

Pour être capable de dépanner des problèmes de connexion depuis le DOS, il faut d'abord comprendre comment fonctionne Internet et connaître ensuite les différentes commandes DOS de diagnostic et de configuration.

Tout Internet repose sur le protocole IP (Internet Protocol). Le principe est simple : chaque ordinateur relié au réseau se voit attribuer une adresse IP unique, servant à l'identifier sur le réseau. Une adresse IP se représente généralement de la façon suivante :

▸ 212.35.2.76 (les nombres étant compris entre 0 et 255)

Par la suite, d'autres protocoles – tels TCP et UDP – utilisent ces adresses IP pour établir une communication entre différents ordinateurs.

Ainsi, l'étape la plus importante consiste à configurer le système de façon à ce qu'il obtienne une adresse IP. Bien souvent, si un problème de connexion quelconque est survenu, le système n'a pas reçu d'adresse IP et ne peut donc pas se connecter aux autres ordinateurs.

Les serveurs DNS permettent de convertir les adresses IP sous une forme facile à retenir pour les humains. Sans serveur DNS, les URL suivantes :

▸ jean@virga.com

▸ http://www.yahoo.com

deviendraient, par exemple :

▸ jean@212.73.209.177

▸ http://209.202.148.99

- Dans la pratique, il est fort courant que plusieurs ordinateurs partagent l'adresse IP d'un autre ordinateur ou d'un « routeur ». C'est le cas, par exemple, si vous décidez d'installer un réseau local et de partager votre connexion à Internet entre vos ordinateurs. Chaque ordinateur se voit alors attribuer une adresse IP locale tandis qu'un routeur se voit attribuer et une adresse IP locale et une adresse IP Internet.

- Chaque prestataire de services Internet dispose d'au moins un serveur DNS.

- Les informations données dans cet ouvrage concerne le protocole IP version 4, nommé plus couramment « IPv4 ». Dans un futur indéterminé, les ordinateurs passeront tous au protocole IPv6. Le protocole IP existe cependant depuis plus de 30 ans et la migration vers IPv6 prendra de nombreuses années.

Ce n'est donc pas suffisant pour un système de disposer d'une adresse IP : il faut encore lui donner l'adresse d'au moins un serveur DNS. Le serveur DNS n'étant à ce moment pas encore opérationnel, il faut communiquer l'adresse Internet de ce serveur sous sa forme numérique (par exemple 209.202.148.99 et non *dns.someprovider.fr*).

Lorsque l'attribution de l'adresse IP et la configuration du DNS sont correctes, le système est capable de se connecter.

La récupération des paramètres IP

Même si votre connexion fonctionne correctement, il peut être utile de récupérer vos informations de connexion :

1. Assurez-vous, sous Windows, qu'Internet fonctionne correctement et ouvrez ensuite une fenêtre DOS.

2. Entrez la commande *ipconfig /all*

Les informations données par la commande *ipconfig* sous Windows XP.

Vous verrez alors apparaître des informations semblables à celles que vous pouvez voir sur la capture d'écran à la page précédente et vous avez tout intérêt à conserver une copie de ses informations. Vous pouvez, par exemple, rediriger la sortie de cette commande vers un fichier puis imprimer celui-ci :

```
C:\> ipconfig /all > infosIP.txt
```

Dans notre exemple, la commande DOS nous donne les informations suivantes :

- adresse IP : 192.168.0.175
- passerelle par défaut : 192.168.0.1
- DHCP : désactivé
- Serveurs DNS : 19.238.2.21 et 19.238.2.22

Ces valeurs différeront chez vous. De plus, si vous êtes connecté directement à l'Internet, sans passer par un routeur, votre adresse IP variera d'un jour à l'autre.

- La commande *ipconfig* est semblable à la commande Unix *ifconfig* et la ressemblance de leurs noms est une grande source de confusion !
- Ces valeurs peuvent également être obtenues depuis Windows en vous rendant, par exemple, dans *Poste de travail / Panneau de configuration / Connexions réseau et accès à distance*, puis en demandant d'afficher, à l'aide d'un clic du bouton droit de la souris, les *Propriétés de la connexion*.

Diagnostiquer un problème de connexion

Les commandes les plus utilisées pour diagnostiquer un problème de connexion sont *ipconfig*, *ping* et *route*.

La commande ping

La commande *ping* est incontournable : elle permet de définir si une route existe entre deux ordinateurs, ainsi que le temps mis par un paquet pour faire un aller-retour entre ces deux ordinateurs.

De plus, la commande ping permet de se *pinger* soi-même, ce qui est fort utile pour voir si on a bien une adresse IP. La première chose à faire pour tenter de diagnostiquer un problème de connexion consiste d'ailleurs à essayer de lancer un *ping* vers la machine elle-même. Pour ce faire, il faut spécifier l'adresse IP 127.0.0.1, qui représente toujours la machine locale.

Par exemple :

```
C:\> ping  127.0.0.1
Envoi d'une requête 'ping' sur 127.0.0.1 avec 32 octets de données :
Réponse de 127.0.0.1 : octets=32 temps<1 ms TTL=50
Réponse de 127.0.0.1 : octets=32 temps<1 ms TTL=50
Réponse de 127.0.0.1 : octets=32 temps<1 ms TTL=50
Réponse de 127.0.0.1 : octets=32 temps<1 ms TTL=50

...
```

Après vous être assuré que la commande « ping 127.0.0.1 » fonctionne, vous pouvez utiliser la commande *ping* pour tester l'existence d'une route entre l'ordinateur depuis lequel elle est lancée et une adresse IP ou le nom d'un autre ordinateur.

Par exemple :

```
C:\> ping  216.109.112.135
Envoi d'une requête 'ping' sur 216.109.112.135 avec 32 octets de
données :

Réponse de 216.109.112.135 : octets=32 temps=102 ms     TTL=50
Réponse de 216.109.112.135 : octets=32 temps=86 ms      TTL=50
Réponse de 216.109.112.135 : octets=32 temps=96 ms      TTL=50
Réponse de 216.109.112.135 : octets=32 temps=101 ms     TTL=50
```

Statistiques Ping pour 216.109.112.135:
    Paquets : envoyés = 4, reçus = 4, perdus = 0 (perte 0%),
Durée approximative des boucles en millisecondes :
    Minimum = 86 ms, Maximum = 102 ms, Moyenne = 96 ms

C:\>

Il est également possible d'indiquer non pas une adresse IP mais directement le nom d'un serveur :

C:\> ping gandi.net
Envoi d'une requête 'ping' sur 80.67.173.7 avec 32 octets de données :

Réponse de 80.67.173.7 : octets=32 temps=38 ms TTL=50
Réponse de 80.67.173.7 : octets=32 temps=29 ms TTL=50
Réponse de 80.67.173.7 : octets=32 temps=29 ms TTL=50
Réponse de 80.67.173.7 : octets=32 temps=22 ms TTL=50

Statistiques Ping pour 80.67.173.7:
    Paquets : envoyés = 4, reçus = 4, perdus = 0 (perte 0%),
Durée approximative des boucles en millisecondes :
    Minimum = 22 ms, Maximum = 38 ms, Moyenne = 29 ms

C:\>

La commande *ping* est particulièrement importante pour diagnostiquer les problèmes de connexion. Tout d'abord, lorsqu'une connexion est établie, vous pouvez envoyer un ping vers l'un des serveurs de votre fournisseur d'accès ou vers un serveur toujours accessible sur Internet (voir note). Vous pouvez essayer d'envoyer un ping vers, par exemple, l'une des adresses IP suivantes :

▸ 207.24.89.10 (nationalgeographic.com) ;
▸ 193.51.192.31 (aful.org) ;
▸ 80.67.173.7 (gandi.net).

Si vous parvenez à pinger l'une de ces adresses IP, c'est que votre connexion Internet fonctionne. Seul un éventuel problème de DNS peut subsister.

- Sous DOS, la commande *ping* s'interrompt automatiquement après avoir envoyé quatre paquets (contrairement aux systèmes Unix, ou la commande *ping* tourne sans fin). Pour lancer un *ping* en continu, utilisez l'option « -t » (le raccourci clavier <CTRL>+<c> permettant alors d'interrompre le *ping*.

- Du fait de l'organisation d'Internet, rien ne garantit qu'une adresse IP ne changera pas. Cependant, les trois adresses données ci-dessus sont valables depuis des années et ne risquent donc pas de changer toutes les trois bientôt.

- La commande ping peut aussi être utilisée à mauvais escient : de nombreux pirates s'en servent pour déterminer si une machine est accessible et le type de système d'exploitation qu'elle utilise.

- De nombreux sites refusent de répondre aux « pings ». Techniquement, un *ping* utilise le protocole ICMP (et non TCP) pour envoyer une demande de réponse (*echo-request*) à laquelle le serveur distant doit répondre (*echo-reply*). Malheureusement, bien des sites se contentent d'ignorer le trafic de type icmp et, par conséquent, les pings. Si votre connexion Internet est opérationnelle, vous pouvez essayer avec quelques-uns de vos serveurs favoris pour voir quels sont ceux qui répondent et quels sont ceux qui ne répondent pas.

Le DNS

Le DNS est le serveur chargé de transformer les noms de domaine (par exemple *nationalgeographic.com*) en adresses IP (par exemple 207.24.89.10).

Si le *ping* vers une adresse IP fonctionne mais pas vers le serveur correspondant, c'est que le DNS n'a pas été correctement initialisé.

Par exemple :

```
C:\> ping 80.67.173.7
Envoi d'une requête 'ping' sur 80.67.173.7 avec 32 octets de données :

Réponse de 80.67.173.7 : octets=32 temps=38 ms TTL=50
Réponse de 80.67.173.7 : octets=32 temps=27 ms TTL=50
Réponse de 80.67.173.7 : octets=32 temps=31 ms TTL=50
Réponse de 80.67.173.7 : octets=32 temps=24 ms TTL=
...


C:\> ping gandi.net
La requête Ping n'a pas pu trouver l'hôte gandi.net. Vérifiez le nom et
essayez à nouveau.


C:\>
```

Si la commande *ping* ne donne rien d'après le nom du serveur mais fonctionne lorsqu'on entre directement une adresse IP, il est alors clair que c'est le DNS qui est mal configuré. Il se peut que vous ayez entré une mauvaise adresse pour le DNS lors de la configuration des paramètres réseau ou qu'un problème soit survenu lors de la résolution DHCP (attribution dynamique notamment d'une adresse IP et d'un serveur DNS).

Pour voir quel DNS est configuré sur votre machine, vous pouvez, par exemple, appeler la commande *ipconfig /all* :

```
C:\> ipconfig /all
Configuration IP de Windows :
    ...
Carte Ethernet Connexion au réseau local:
    ...
Serveurs DNS.......: 19.235.2.18
                    19.235.2.19
```

Vérifiez alors qu'il y ait bien au moins un serveur de noms configuré et que l'adresse IP qui lui est attribuée réponde (en effectuant un *ping*).

- Il est courant qu'un prestataire de services propose deux adresses DNS, le deuxième serveur étant un serveur « de secours ».

- Si au moins un serveur distant répond à la commande *ping*, c'est que la connexion Internet fonctionne. Par contre, ce n'est parce qu'un serveur ne répond pas que la connexion ne fonctionne pas : en cas de doute, n'hésitez à essayer de *pinger* différents serveurs.

- La commande « ping 127.0.0.1 » renvoie des temps de réponse très courts : moins d'une milliseconde étant nécessaire pour réaliser l'opération (à comparer aux autres temps, qui ne descendent que rarement en dessous des 20 millisecondes). C'est normal puisque vous *pinger* en fait votre propre ordinateur !

La commande route

Dans certains cas, il se peut qu'une machine ait bien une adresse IP et qu'un serveur de DNS soit correctement configuré mais qu'Internet reste malgré tout inaccessible (il est, par exemple, possible de pinger un autre ordinateur du réseau local mais pas Internet, alors que cet autre ordinateur a, lui, accès à Internet). Il faut alors parfois chercher le problème du côté de la configuration de la route. Notez que ce problème est plutôt rare et qu'il faut alors se pencher quelque peu sur le fonctionnement de la commande *route* pour pouvoir y remédier.

Sur la capture d'écran à la page suivante, on peut constater, à l'aide de la commande *route*, que le PC équipé de Windows est sur un réseau local et qu'il est configuré pour utiliser le routeur à l'adresse 192.168.0.1 (cette adresse ne peut correspondre qu'à un réseau local : aucun ordinateur sur Internet n'a le droit d'utiliser cette adresse). Le routeur peut être soit un véritable routeur, soit un autre ordinateur jouant le rôle de routeur.

La destination réseau « 0.0.0.0 » n'est pas une véritable adresse IP. Au contraire, elle représente toutes les adresses IP. On peut constater que la passerelle à utiliser lorsqu'une information doit être transmise à cette adresse est 192.168.0.1, soit le routeur.

Sur cette même capture d'écran ci-dessous, on se rend compte que la table de routage contient quelques autres adresses de destination telles :

▶ 192.168.0.0 : tout ordinateur (ou routeur) présent sur le réseau local ;

▶ 192.168.0.175 : l'adresse de l'ordinateur sur le réseau local ;

▶ 224.0.0.0 : adresses réservées pour le protocole IGMP permettant d'effectuer des requêtes de type Multicast (Windows ainsi que différents matériels, tels certains routeurs, utilisent ce système).

Notez que, si votre connexion fonctionne, vous pouvez recevoir les informations concernant la route et les garder de côté : elles pourraient venir à point en cas de problème.

Le chapitre 7 – Les principales commandes – contient une description plus détaillée de la commande DOS *route* (voir page 232).

```
C:\Documents and Settings\John>route PRINT
===========================================================================
Liste d'Interfaces
0x1 ........................... MS TCP Loopback interface
0x10003 ...00 0c 29 65 4b 4a ...... Carte AMD PCNET Family Ethernet PCI
===========================================================================
===========================================================================
Itinéraires actifs :
Destination réseau      Masque réseau  Adr. passerelle   Adr. interface Métrique
         0.0.0.0           0.0.0.0     192.168.0.1     192.168.0.175      30
       127.0.0.0         255.0.0.0       127.0.0.1       127.0.0.1        1
     192.168.0.0   255.255.255.0     192.168.0.175     192.168.0.175      30
   192.168.0.175 255.255.255.255       127.0.0.1       127.0.0.1        30
   192.168.0.255 255.255.255.255     192.168.0.175     192.168.0.175      30
       224.0.0.0       240.0.0.0     192.168.0.175     192.168.0.175      30
 255.255.255.255 255.255.255.255     192.168.0.175     192.168.0.175       1
Passerelle par défaut :       192.168.0.1
===========================================================================
Itinéraires persistants :
  Aucun

C:\Documents and Settings\John>
```

La commande *route PRINT* affiche la table de routage IP.

Certaines adresses IP sont réservées et ne peuvent donc pas apparaître sur Internet. C'est le cas des adresses de types 192.168.x.x, 10.x.x.x et 224.x.x.x. Si vous désirez obtenir une liste complète des adresses IP réservées, vous pouvez vous rendre sur le site de l'organisation IANA (*Internet Assigned Numbers Authority*) :

http://www.iana.org

La commande tracert

Nous venons de voir que la commande *route* permettait de voir et de manipuler la table de routage, afin de définir quelle route les paquets d'informations sont censés emprunter. Cependant, il se peut qu'un système correctement configuré voient des paquets partir et ne jamais arriver à destination : si cela arrive, c'est alors la commande *tracert* qu'il faut utiliser.

La commande *tracert* permet d'analyser le chemin exact emprunté par un paquet avant d'arriver à sa destination. Le premier relais, numéroté « 1 »,

```
EN  Invite de commandes                                                    _ □ ×
C:\Documents and Settings\John>tracert nationalgeographic.com
Détermination de l'itinéraire vers nationalgeographic.com [207.24.89.170]
avec un maximum de 30 sauts :

   1    <1 ms    <1 ms    <1 ms   192.168.0.1
   2    16 ms    10 ms    12 ms   1.16-13-21
   3    11 ms    13 ms    13 ms   at-0-0-0--0-111.iadslbnc1.isp
0.255.57]
   4    11 ms    12 ms    13 ms   ge0-0.intlmar1
   5    11 ms    12 ms    12 ms   212.3.237.5
   6     8 ms    12 ms    12 ms   so-5-1-0.mp1.Brussels1.Level3.net [4.68.113.201]

   7    17 ms    17 ms    17 ms   ae1-0.bbr2.London1.Level3.net [212.187.128.57]
   8    83 ms    83 ms    78 ms   as-0-0.bbr1.NewYork1.Level3.net [4.68.128.106]
   9   103 ms   110 ms    75 ms   ge-6-0-0-51.gar4.NewYork1.Level3.net [4.68.97.5]

  10    81 ms    83 ms    73 ms   uunet-level3-oc48.NewYork1.Level3.net [209.244.1
60.182]
  11    83 ms    82 ms    85 ms   0.so-6-0-0.XL1.NYC4.ALTER.NET [152.63.21.78]
  12    90 ms    83 ms    83 ms   0.so-1-0-0.TL1.NYC8.ALTER.NET [152.63.0.137]
  13    89 ms    89 ms    88 ms   0.so-7-0-0.TL1.DCA8.ALTER.NET [152.63.0.161]
  14    91 ms    90 ms    90 ms   0.so-4-3-0.XL1.DCA8.ALTER.NET [152.63.144.50]
  15    90 ms    89 ms    90 ms   POS6-0.GW1.DCA8.ALTER.NET [152.63.39.133]
  16    91 ms    92 ms    92 ms   ngs-gw1.customer.alter.net [157.130.80.138]
  17    94 ms    91 ms    97 ms   207.24.88.36
  18    82 ms    92 ms    92 ms   newcanyon.nationalgeographic.com [207.24.89.170]
C:\Documents and Settings\John>
```

La commande *tracert* permet d'analyser le chemin menant à un serveur.

représente la passerelle utilisée par votre réseau local, telle l'adresse d'un routeur. Le deuxième relais représente généralement le premier routeur de votre fournisseur d'accès à Internet, et ainsi de suite.

Sur la capture d'écran précédente, l'utilisateur Jean essaye de contacter le serveur de *nationalgeographic.com*. On peut constater que les informations passent par de multiples ordinateurs intermédiaires, dont au moins trois situés probablement respectivement à Bruxelles, Londres et New-York. Dans ce cas-ci, tout se passe correctement et la commande se termine en indiquant que l'itinéraire a été déterminé.

Si aucune route n'existe, ou seulement un début de route, la commande *tracert* se contentera de réessayer, en vain, de contacter l'ordinateur demandé et affichera jusqu'à un maximum de 30 messages indiquant que la requête est infructueuse.

Par exemple :

```
C:\> tracert  193.21.16.124
Détermination de l'itinéraire vers 193.21.16.124 avec un maximum de 30
sauts :
1  <1 ms  <1 ms  <1 ms  192.168.0.1
2  11 ms  10 ms  11 ms  1.16-21-193.adsl.samplenet.dk [193.21.16.1]
3  *      *      *      Délai d'attente de la demande dépassé.
4  *      *      *      Délai d'attente de la demande dépassé.
5  *      *      *      Délai d'attente de la demande dépassé.
6  *      *      *      Délai d'attente de la demande dépassé.
7  *      *      *      Délai d'attente de la demande dépassé.
...
```

Le système ne parvient pas à trouver une route vers l'adresse de destination. A ce stade, vous pouvez interrompre la commande à l'aide du raccourci clavier <CTRL>+<C>.

Si un site ne répond pas mais que d'autres relais le font, vous devez observer jusqu'où vont les paquets partant de votre ordinateur : s'ils n'arrivent pas à destination mais qu'ils atteignent votre fournisseur d'accès Internet, ce n'est vraisemblablement pas votre système qui pose problème.

- Les temps donnés, en millisecondes, par la commande *tracert* ne doivent pas être cumulés : ils indiquent chaque fois le temps mis entre votre ordinateur et les serveurs intermédiaires. De même, vous ne devez pas vous inquiéter du temps relativement long mis par la commande tracert pour s'exécuter : c'est dû au fait que cette commande, tout comme son homologue sur les systèmes Unix, utilise toute une série d'astuces pour fournir ses informations (contrairement, par exemple, à la commande *ping* qui dispose de son propre protocole).

- Rien n'oblige un fournisseur d'accès à nommer ses serveurs en fonction de leur localisation : de nombreux serveurs ne comportent pas de nom de villes !

- Il se peut que certains serveurs ne répondent pas en temps voulu : vous verrez alors apparaître certaines lignes contenant le message « Délai d'attente de la demande dépassé » suivies d'autres indiquant que d'autres serveurs, plus lointains, ont répondu.

La commande nslookup

La commande nslookup permet d'établir la correspondance entre les noms de domaine et les adresses IP.

La commande *nslookup* permet d'obtenir l'adresse IP correspondant à un nom de domaine (*name lookup*) et inversement (*reverse name lookup*).

Pour ce faire, la commande *nslookup* interroge un serveur de résolution de nom (DNS). Par défaut, c'est le DNS de votre fournisseur d'accès à Internet qui est utilisé.

Notez que certaines adresses IP peuvent avoir plusieurs noms de domaines correspondant.

La commande netstat

La commande *netstat* peut également se révéler utile pour diagnostiquer d'éventuels problèmes. Cette commande affiche la liste des connexions TCP/IP actives.

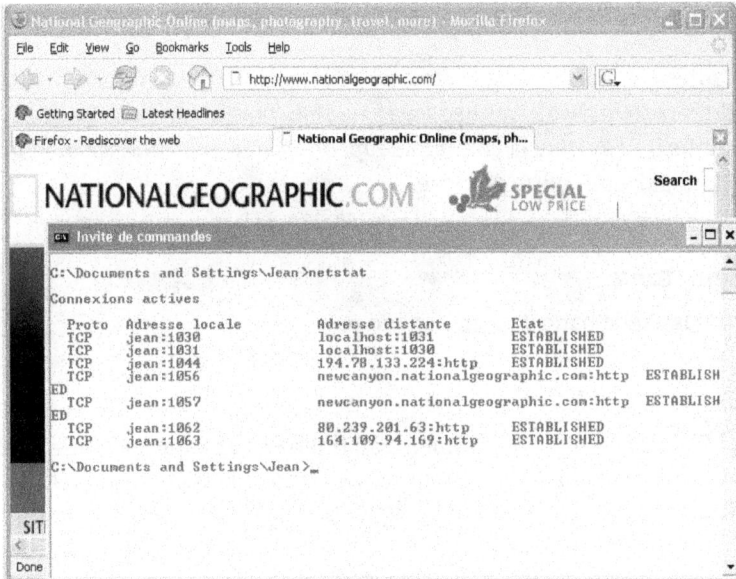

Le site *nationalgeographic.com* se retrouve dans la liste des connexions actives fournie par *netstat*.

Quelques problèmes courants

Voici une compilation de quelques symptômes qu'on peut rencontrer lorsqu'une connexion Internet est récalcitrante.

Symptôme

La commande « ping 127.0.0.1 » ne donne aucune réponse.

Cause possible

L'adaptateur réseau (vraisemblablement une carte réseau) est désactivé (par Windows ou par le Bios) ou est défectueux (rare).

Symptôme

Vous ne pouvez pas envoyer un ping vers votre propre ordinateur. Par exemple, la commande *ipconfig* donne 192.168.0.175 comme adresse IP pour votre ordinateur mais la commande *ping 192.168.0.175* ne donne rien.

Cause possible

L'adresse IP que vous avez entrée pour votre ordinateur est incorrecte ou alors votre firewall fait de l'excès de zèle (voir la note à la page suivante). Vérifiez, à l'aide de la commande *ipconfig*, que vous utilisez bien la bonne adresse IP pour votre système.

Symptôme

La passerelle par défaut ne répond pas.

Cause possible

▸ Si votre système est connecté à l'Internet par l'intermédiaire d'un autre ordinateur ou d'un routeur (par exemple de type routeur ADSL), il se peut que la connexion physique (par exemple le câble réseau) présente une défectuosité.

▸ Le routeur peut être éteint, défectueux ou « bloqué« (certains routeurs, de mauvaise qualité, finissent par se « bloquer » après un certain temps et il faut alors les couper puis les rallumer pour qu'il fonctionnent à nouveau).

▸ L'adresse de la passerelle n'est pas correcte. C'est un problème courant : le routeur, pour une raison quelconque, a une adresse IP (par exemple 192.168.1.1) différente de celle configurée sur votre système (par exemple 192.168.0.1). Cela peut notamment arriver si votre système est configuré pour obtenir tous ses paramètres automatiquement, par DHCP, et qu'une erreur est survenue lors de la résolution des noms.

Symptôme

Le réseau local (ou simplement le routeur) fonctionne, mais un ping vers un serveur distant, en utilisant une adresse IP (et non un nom de domaine), ne donne rien.

Cause possible

▸ L'adresse IP du serveur distant est incorrecte. Essayez avec d'autres adresses IP avant tout autre opération.

▸ La *route* empruntée est incorrecte. Vérifiez la configuration de la passerelle (par exemple *ipconfig /all*) et la table de routage (*route PRINT*).

Symptôme

Un *ping* vers l'adresse IP d'un serveur distant fonctionne, mais pas en utilisant son nom de domaine.

Cause possible

Tous les paramètres Internet sont correctement configurés à l'exception du serveur de nom. Vérifiez les paramètres DNS.

Les logiciels servant de « pare-feu » (firewall) sont presque indispensables lorsqu'on travaille sous Windows, tant il existe de programmes malicieux tentant de compromettre ces systèmes. Cependant, vous devez savoir que ces programmes peuvent parfois entrer en conflit avec les commandes DOS travaillant avec Internet. Par exemple, si vous avez installé le logiciel (gratuit) ZoneAlarm, celui-ci vous avertit, aussitôt que vous essayez d'utiliser une commande DOS « Internet » (*ping, nslookup, tracert,* etc.), qu'une tâche essaye d'établir une connexion réseau. Faites donc attention à la manière dont vous configurez votre firewall : si vous refusez l'accès aux commandes DOS à l'Internet, vous ne pourrez pas les utiliser pour diagnostiquer d'éventuels problèmes de connexion !

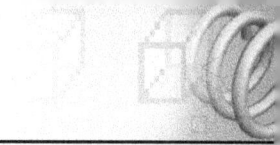

L'accès au réseau local

Outre la possibilité d'accéder à Internet depuis le DOS, il est également possible d'accéder à certaines ressources du réseau local depuis le DOS. Ainsi nous verrons dans le chapitre 7 que la commande *net use* permet d'assigner des noms de lecteurs à des ressources présentes sur d'autres ordinateurs du réseau local (voir page 216).

Les fichiers batch de diagnostic

Notez qu'en combinant les commandes donnant des informations quant à la connexion Internet et les autres commandes DOS dans des fichiers batch, il est possible de créer facilement divers outils permettant de diagnostiquer rapidement des problèmes de connexion. Au chapitre suivant, nous verrons comment combiner les commandes *ipconfig* et *ping* dans un même fichier batch.

CHAPITRE 6

LES FICHIERS BATCH

Un fichier batch contient une série de commande DOS. La plupart de ces commandes peuvent être exécutées manuellement, à l'invite de commandes. En les plaçant dans un fichier batch et en l'exécutant, on s'assure que chaque commande est exécutée, dans l'ordre dans lequel elle apparait dans le fichier batch.

De plus, les fichiers batch ne sont pas toujours formés que d'une simple suite de commandes ; on peut y inclure des structures de programmation. Nous verrons que le shell supporte notamment les tests si-alors-sinon (*if then else*), les boucles (*for*) et des variables.

L'intérêt des scripts

Les fichiers batch, encore appelés « scripts », présentent de nombreux avantages.

- L'exécution simple d'une commande plus complexe : en s'assurant qu'une longue commande ne comporte pas de fautes (par exemple dans l'ordre des paramètres donnés), on diminue les risques d'obtenir des messages d'erreur.

- La répétition des commandes : une tâche répétitive, fastidieuse à entrer de multiples fois au clavier, peut être automatisée en plaçant les commandes utilisées dans un fichier batch puis en appelant ce fichier batch.

- L'automatisation de certaines procédures : une manœuvre manuelle pénible à effectuer par l'utilisateur, tel une sauvegarde quotidienne des données modifiées, peut être placée dans un fichier batch appelé automatiquement.

Il existe un équivalent Unix des fichiers de type batch du MS-DOS, qu'on appelle les fichiers de script (encore appelés « shell scripts »). Les fichiers batch et les « shell scripts » présentent de nombreuses similarités mais les fichiers batch sont légèrement plus simples à écrire et un peu plus limités dans leurs fonctionnalités.

L'exécution et l'interruption d'un fichier batch

Les fichiers batch sont exécutables. Il est donc également possible de les interrompre. Par exemple, si un fichier batch demande une confirmation avant d'effectuer une opération délicate, vous pouvez changer d'avis et décider de ne pas continuer son exécution.

Pour exécuter un fichier batch, il n'est pas nécessaire de taper l'extension *.bat* à l'invite du DOS : le début du nom du fichier suffit. Ainsi, pour exécuter un fichier s'appellant *encoder.bat*, on tape simplement « encoder » et

La combinaison de touches <CTRL>+<C> permet d'interrompre un fichier batch.

puis on appuye sur la touche <ENTRÉE>. Les différentes commandes apparaissant dans le fichier batch sont alors successivement exécutées. Sauf, bien sûr, si le fichier batch est interrompu.

Pour interrompre l'exécution d'un fichier batch, on appuye simultanément sur les touches <CTRL>+<C> : on presse sur la touche <CTRL> et, tout en la maintenant enfoncée, on appuie sur la touche <C>. Le message « Terminer le programme de commandes (O/N) ? » s'affiche à l'écran et vous pouvez alors interrompre le fichier batch en appuyant sur la touche <O>.

- Si on précise le nom complet d'un fichier .bat, tel « encoder.bat », sur la ligne de commande, le fichier s'exécute aussi. Cependant, c'est une perte de temps.

- Un fichier batch peut également contenir, en plus de commandes, des appels à d'autres fichiers batch : il est ainsi possible de combiner autant de programmes qu'on le désire.

L'éditeur Notepad avec un fichier .bat.

Le format d'un fichier batch

Un fichier batch est un fichier au format texte. Vous pouvez donc utiliser n'importe quel éditeur de texte pour créer ou modifier ces fichiers :

▸ la commande *edit* des premières versions du DOS ;

▸ le logiciel Notepad de Windows ;

▸ un traitement de texte capable d'exporter au format « texte ».

Sur la capture d'écran à la page précédente, vous pouvez constater qu'on trouve un fichier nommé *degenerate.bat* dans le répertoire *bin* d'un programme nommé IntelliJ (il s'agit d'un programme présent sur le système de l'auteur). On utilise ensuite le DOS pour lancer l'éditeur de texte Notepad, en lui demandant d'ouvrir directement le fichier *degenerate.bat*.

> Bien que cela soit possible, nous ne recommandons pas d'utiliser un traitement de texte, tel Word, pour éditer les fichiers batch. Ceux-ci sont beaucoup trop simples pour qu'il soit nécessaire de recourir à des applications aussi gourmandes en ressources !

L'extension .bat

Par convention, tous les fichiers batch sous DOS portent l'extension *.bat*. Un système Windows ne contient, par défaut, que très peu de fichiers batch. Seul le fameux *autoexec.bat* est parfois présent (mais, bien souvent, vide).

Par contre, de nombreux programmes utilisent encore, à l'heure actuelle, des fichiers batch pour effectuer l'une ou l'autre tache. C'est le cas notamment de certains programmes destinés à tourner sur différentes plates-formes (par exemple Windows, Mac OS X et Linux).

Pour voir si votre système contient déjà des fichiers portant l'extension *.bat*, vous pouvez vous rendre à la racine de votre disque dur et y entrer la commande suivante :

```
C:\> dir /s  *.bat
```

La création d'un fichier batch

Pour créer un fichier batch, il suffit de créer un fichier texte, d'y placer des commandes DOS et de donner l'extension *.bat* à ce fichier. Notez qu'il n'est pas utile de donner le nom d'une commande existante à votre fichier batch : ce serait la commande qui serait généralement exécutée, à moins de spécifier le chemin d'accès complet à la commande.

Par exemple :

```
C:\> type  cd.bat
echo "test"
C:\> cd  temp
C:\temp> cd  ..
C:\> .\cd  temp
test
C:\>
```

Nous voyons ici que le répertoire C: contient un fichier malencontreusement nommé *cd.bat*. Lorsqu'on exécute la commande *cd temp* puis la commande *cd ..*, on se déplace bien vers le répertoire *temp* puis vers la racine du disque (la commande *cd* : sert à changer de répertoire). Par contre, en entrant *.\cd temp*, c'est le fichier batch *cd.bat* qui est exécuté : le texte « test » s'affiche à l'écran (alors qu'on pensait se rendre le répertoire *temp*).

Cet exemple peut vous sembler confus mais le comportement du DOS est pourtant tout à fait logique : pour éviter d'éventuels risques de confusion, le plus simple est de ne pas donner le nom de commande DOS à vos fichiers batch.

Notez qu'il n'est pas nécessaire de recourir à un éditeur de texte pour créer un fichier batch : on peut se contenter de demander à ce que l'entrée standard (le clavier) soit redirigée dans un fichier. Pour ce faire, il faut utiliser la commande suivante :

```
C:\essais> copy  CON  exemple.bat
```

Le terme CON est utilisé pour « console ». On entre alors son texte en utilisant la touche <ENTRÉE> pour passer à la ligne après chaque ligne de com-

mande. On termine le fichier en entrant un code de fin de fichier à l'aide, soit du raccourci <CTRL>+<Z>, soit de la touche de fonction <F6>. Les caractères « ˆZ » apparaissent alors à l'écran et il suffit d'appuyer sur la touche entrée pour créer le fichier batch.

Par exemple :

```
C:\essais> copy  CON  exemple.bat  <entrée>
REM programme d'exemple  <entrée>
echo "essai"  <entrée>
<ctrl>+<z>    <entrée>
```

Le message « Un fichier copié » indique que l'opération s'est déroulée avec succès et un fichier nommé exemple.bat se trouve à présent sur le disque. Il contient le texte suivant :

```
C:\essais> type  exemple.bat
REM programme d'exemple echo "essai"
```

Cette façon de faire n'est toutefois pratique que pour de petits textes, d'autant qu'elle ne permet pas la modification d'un fichier existant.

Les caractères spéciaux

Nous avons déjà vu qu'il était possible d'obtenir le caractère « \ » (nommé *backslash*) en utilisant une combinaison de touches quelque peu particulière. Il est possible, en fait, d'obtenir n'importe quel caractère à l'aide d'une telle combinaison.

Lorsqu'on travaille sous DOS, il peut arriver que le clavier ne soit pas correctement configuré ou, tout simplement, qu'un caractère dont on a besoin n'y apparaisse pas. C'est très courant lorsqu'on lance un DOS de secours car de nombreuses disquettes de démarrage utilisent un clavier ne correspondant pas au clavier du système. Vous pourriez ainsi, par exemple, obtenir un clavier QWERTY alors que le vôtre est AZERTY, ou encore un clavier AZERTY de type suisse alors que le vôtre est un clavier AZERTY de type français !

Voici une liste de quelques caractères dont vous pourriez avoir besoin :

- @ : pour demander à ce qu'une commande d'un fichier batch n'apparaisse pas à l'écran avant d'être exécutée ;
- \ : pour indiquer un répertoire ;
- ~ : pour indiquer un fichier dont le nom long a été tronqué au format 8.3 ;
- * : pour indiquer un caractère générique ;
- | : pour enchaîner deux commandes DOS ;
- > : pour rediriger la sortie d'une commande ;
- < : pour rediriger l'entrée d'une commande.

Ces caractères appartiennent tous au code ASCII, qui contient 128 caractères numérotés (et non 256 comme on peut souvent le lire), par convention, de 0 à 127.

On peut obtenir ces caractères en maintenant la touche <ALT> enfoncée pendant qu'on entre le numéro ASCII du caractère désiré, exprimé en notation décimale, sur le pavé numérique situé à la droite du clavier. On relâche ensuite la touche <ALT> et le caractère apparaît alors à l'écran. Par exemple, pour obtenir le caractère « | », dont le code ASCII est 124, on appuie sur la touche <ALT> puis sur <1>, <2> et <4> avant de relâcher la touche <ALT>.

L'explication peut sembler longue, mais la manoeuvre est fort simple dès qu'on l'a effectuée quelques fois.

Voici les codes ASCII correspondant aux caractères dont vous pourriez avoir besoin :

Caractère ASCII	code	nom (anglais)
!	33	*exclamation mark*
#	35	*number sign, square, hash*
$	36	*dollar sign*
%	37	*percent sign*
&	38	*ampersand*
*	42	*asterisk, star*
/	47	*slash*

<	60	*lesser than sign*
>	62	*greater than sign*
?	63	*question mark*
@	64	*at sign*
\	92	*backslash*
^	94	*circumflex accent, caret*
_	95	*underscore*
|	124	*pipe*
~	126	*tilde*

Le langage de programmation des fichiers batch

La création d'un fichier batch peut s'apparenter à la programmation. Les fichiers batch n'offrent pas les mêmes possibilités qu'un langage de programmation de haut niveau (tel Java, C++, C#, etc.) ni celles des langages de script (tel Perl, Python, etc.), mais ils peuvent tout de même se révéler très utiles pour automatiser des tâches répétitives.

La première bonne habitude à prendre en programmation, quel que soit le langage utilisé, consiste à placer des commentaires dans le code pour expliquer ce qu'il fait.

Pour cela, il faut utiliser la commande DOS nommée *rem*. Cette commande ne fait rien du tout, si ce n'est de dire au programme que la ligne qui suit la commande ne doit pas être interprétée.

Le système d'exploitation ignore complètement les lignes commençant par la commande *rem* tandis que vous, ou qui que soit d'autre, pourrez vous y retrouver, grâce à ces commentaires.

Le bon usage consiste à mettre d'office au moins une ligne rem au début du fichier batch, expliquant à quoi sert le fichier. Ensuite, si le fichier contient de nombreuses commandes, il est intéressant d'ajouter quelques commentaires aux endroits clés de votre fichier batch.

Un premier exemple

La façon la plus simple pour comprendre le fonctionnement des fichiers batch consiste à en créer quelques-uns et à les exécuter, pour voir ce qui se produit. Commençons par un premier exemple, qui contient les trois lignes suivantes :

```
REM programme qui attend que l'utilisateur appuie sur une touche
echo " appel de la commande pause "
pause
```

Créez un fichier texte (par exemple à l'aide de Notepad ou de la commande Edit) contenant ces trois lignes, sauvez-le sous le nom *test.bat* (par exemple dans votre répertoire personnel), assurez-vous qu'il contient bien ces trois lignes, puis essayez de l'exécuter depuis l'invite de commandes.

Sur la capture d'écran ci-dessous, vous pouvez constater qu'on appelle tout d'abord la commande Notepad. On s'assure ensuite que le fichier test.bat contient bien les trois lignes de commandes désirées (en tapant *more test.bat*), puis on exécute ce fichier.

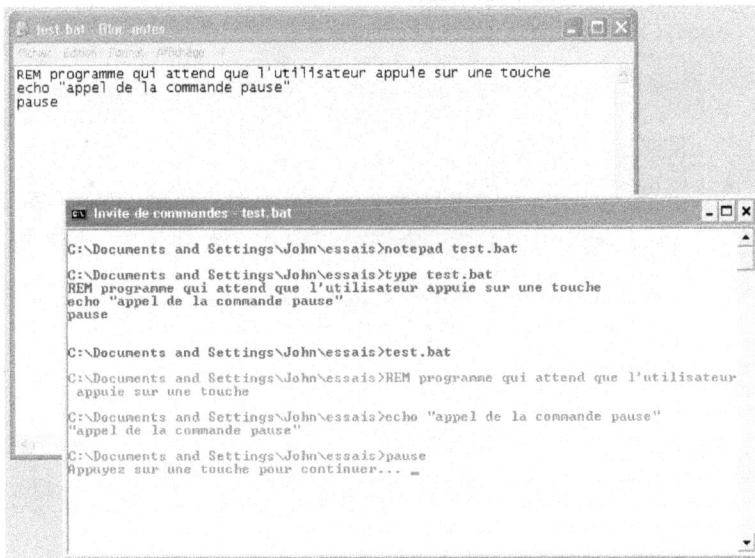

L'édition et l'exécution d'un premier fichier batch.

Ne prenez pas les lignes de sortie de la commande *test.bat* pour des commandes entrées par l'utilisateur : dans cet exemple, tout ce qui suit l'appel au fichier *test.bat* a été communiqué au DOS automatiquement.

En effet, le DOS affiche par défaut toutes les informations contenues dans les fichiers batch. Pour désactiver cette fonctionnalité, on place souvent la commande suivante au début des fichiers batch :

```
@echo off
```

Vous pouvez à présent modifier ce premier exemple, en y ajoutant ce nouvel ordre au début. Le programme devient :

```
@echo off
REM programme qui attend que l'utilisateur appuie sur une touche
echo " appel de la commande pause "
pause
```

Vous pouvez à nouveau exécuter ce programme :

```
C:\Documents and Settings\Jean>  test.bat
" appel de la commande pause "
Appuyez sur une touche pour continuer...
```

L'exécution d'un fichier batch contenant des commentaires.

A présent les deux seules informations apparaissant à l'écran sont les sorties standards des commandes *echo* et *pause*.

Les lignes comportant des remarques ou toute autre commande sont donc affichées à l'écran si la commande *echo* est activée, c'est-à-dire si elle est à la valeur « on » (c'est sa valeur par défaut). Une ligne est invisible, lors de l'exécution du fichier batch, si la commande *echo* est désactivée (par la commande *echo off*) ou si la ligne est précédée d'un arobase (le caractère « @ »).

La capture d'écran à la page précédente illustre le fonctionnement du caractère « @ » et des commandes *echo on* et *echo off* dans les fichiers batch. L'exemple contient quatre lignes de commentaires précédées par la commande *rem* :

1. la première ligne ne s'affiche pas car elle est expressément précédée du caractère « @ » ;

2. la deuxième ligne s'affiche car la commande *echo* est, par défaut, activée ;

3. la troisième ligne de commentaire ne s'affiche pas car on a expressément désactivé la commande *echo* ;

4. la quatrième et dernière ligne de commentaire s'affiche car on a expressément activé à nouveau la commande *echo*.

Enfin, vous pouvez constater que la commande *echo on* n'est pas affichée à l'écran lorsqu'on exécute le script alors qu'elle n'est pas précédée du caractère « @ ». C'est normal car au moment où le DOS exécute cette commande, la fonction *echo* est toujours désactivée.

Il faut savoir que, même lorsque la sortie est désactivée, la commande *echo* peut toujours être utilisée pour afficher des messages à l'utilisateur.

Simplement, la commande *echo off* empêche le DOS d'afficher le contenu du fichier batch à l'écran.

- Plutôt que de faire précéder toutes les commandes d'un fichier batch du signe « @ », on préfère généralement placer la commande *echo off* à la première ligne du fichier. Cependant, puisqu'à ce moment la commande echo n'est pas encore activée, on empêche le DOS d'afficher « echo off » à chaque exécution du script en faisant précéder cette commande du caractère « @ ».

- Vous pouvez également entrer la commande *echo off* à l'invite de commande du DOS : vous constaterez que l'invite disparaît de l'écran. Pour la récupérer, vous devez ensuite entrer la commande *echo on*.

L'automatisation du nettoyage du disque

Il existe différentes façons d'éliminer les fichiers temporaires présents sur le disque dur ainsi que différentes manières d'automatiser cette tâche (aussi bien sous DOS que sous Windows).

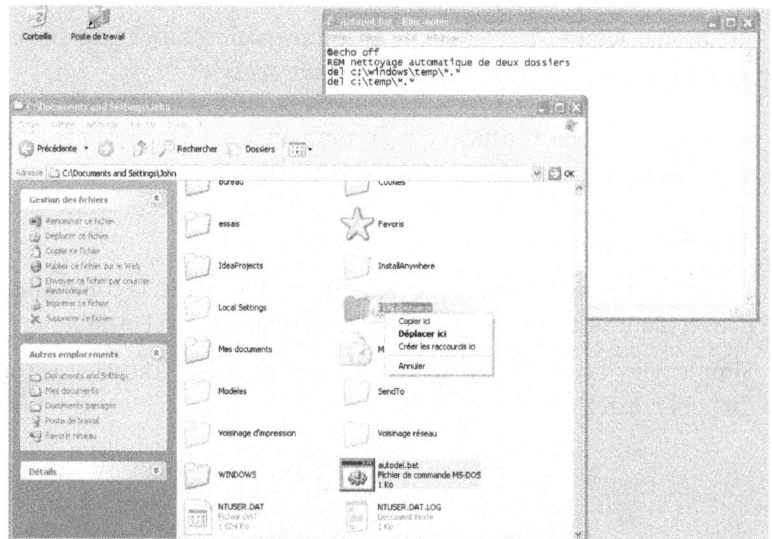

La création, dans le menu *Démarrer*, d'un raccourci
vers un fichier batch.

Il est, par exemple, possible de créer un fichier batch nommé *autodel.bat* qui nettoie, à chaque démarrage, les répertoires *C:\Temp* et *C:\Windows\Temp* :

```
@echo off
REM nettoyage automatique de deux dossiers
del c:\windows\temp\*.*
del c:\temp\*.*
```

Ensuite, chaque fois que vous appellerez ce fichier, le contenu des deux dossiers *temp* et *windows\temp* sera automatiquement effacé.

Si vous désirez que cette commande soit exécutée à chaque démarrage de Windows, vous pouvez, par exemple, créer un raccourci vers cette commande dans le menu *Démarrer*.

Sur la capture d'écran à la page précédente, l'utilisateur Jean glisse, à l'aide du bouton droit de la souris, le fichier *autodel.bat* dans le menu Démarrer, en demandant de créer un raccourci. Ce faisant, le fichier batch *autodel.bat* sera exécuté chaque fois que l'utilisateur ouvrira Windows.

> Soyez extrêmement prudent lorsque vous travaillez avec la commande *del* ainsi que toute autre commande DOS potentiellement dangereuse : une fausse manœuvre et vous pouvez perdre tous vos fichiers ! Pour éviter ce genre de désagrément, nous ne pouvons que vous conseillez d'effectuer régulièrement des copies de sécurité.

L'utilisation de pauses

De nombreux fichiers batch peuvent être améliorés en plaçant la commande *pause* à des emplacements adéquats. En effet, certaines opérations sont si dangereuses ou si définitives qu'il vaut mieux donner à l'utilisateur la faculté de les interrompre avant terme.

D'autres, comme l'affichage d'un message, bénéficient parfois d'un délai dans l'exécution donnant à l'utilisateur le temps de le lire. Enfin, il est par-

fois utile d'interrompre momentanément un fichier batch le temps que l'utilisateur effectue une manipulation (par exemple insérer une clé USB dans l'ordinateur). La commande DOS pause permet d'insérer des temps de pause dans les fichiers batch.

La commande *pause* prend, éventuellement, un argument : le message à afficher avant de bloquer l'exécution du fichier batch.

L'utilisation de la commande *pause* peut aussi donner à l'utilisateur la possibilité d'interrompre l'exécution, en donnant un avertissement. Par exemple :

```
C:\essais>  superdel

Le fichier batch superdel vient d'archiver tous vos fichiers utilisateurs

dans un fichier nommé C:\backup\jean.zip

Tous vos fichiers utilisateurs (excepté le fichier d'archive) vont à présent

être effacés, sauf si vous interrompez ce fichier batch à l'aide de la

combinaison <ctrl>+<c>

Appuyez sur une touche pour continuer...
```

Avant d'effectuer une opération délicate, le fichier batch prévient l'utilisateur qu'il est encore temps de changer d'avis. La commande *pause* vous donne ensuite tout le temps nécessaire pour choisir entre interrompre l'exécution à l'aide du raccourci <CTRL>+<C> ou appuyer sur n'importe quelle touche pour continuer l'exécution du programme.

Nous avons déjà vu qu'il était toujours possible d'interrompre un fichier batch à l'aide de <CTRL>+<C>. Toutefois, sans pause, vous interrompez un fichier batch n'importe quand. Dans le cas présent, si vous réalisez que, tout compte fait, vous ne désirez pas effacer tous vos fichiers mais que le script ne dispose pas de pause, vous pourriez, par exemple, interrompre l'exécution de la commande après que la moitié des fichiers ait déjà été effacés !

Enfin, sachez que pendant que vous réaliserez vos propres fichiers batch, la commande pause représente un excellent moyen de « déboguer » vos programmes. Dès qu'un programme devient quelque peu complexe, on y introduit souvent quelques erreurs de distraction. L'ajout, momentané, de commandes *pause* permet de voir pas à pas ce qui se passe.

Comme la plupart des commandes pouvant apparaître dans les fichiers batch, la commande *pause* peut également être utilisée à partir de la ligne de commande, mais l'intérêt de la manœuvre est loin d'être évident.

La combinaison de pause et de echo

Lorsqu'on désire utiliser la commande *pause* pour afficher un message à l'écran, il faut que la commande *echo* soit activée (*echo on*) ; dans ce cas, en plus du message désiré, on voit apparaître la commande *pause* à l'écran, tout comme l'invite de commandes !

Cela n'est pas esthétique du tout et cela rend la lecture des informations plus difficile.

Pour remédier à ce problème, il faut combiner les commandes pause et echo de façon créative : il faut non seulement désactiver l'affichage des commandes en utilisant *echo off* mais également afficher un message personnalisé, puis modifier la sortie de la commande *pause*, en la dirigeant vers la sortie NUL (c'est-à-dire une sortie inexistante).

Par exemple :

```
@echo off
echo Placez le support USB dans le PC puis appuyez sur une touche svp.
pause > nul

...
```

L'avantage de cette méthode est d'obtenir un message sur mesure sans avoir besoin de réactiver *echo*, généralement désactivé au début du fichier batch.

Sur la capture d'écran ci-dessous, un programme nommé *backusb.bat* est appelé une première fois et affiche beaucoup trop d'informations à l'écran : pas moins de huit lignes de sorties sont affichées pour simplement demander à l'utilisateur d'effectuer une manipulation, puis d'appuyer sur une touche. Le début de ce programme est ensuite modifié et on peut constater que lorsqu'on l'appelle à nouveau, seule une ligne, très lisible, apparaît à l'écran.

La combinaison des commandes *pause* et *echo*.

Les paramètres

La plupart des fichiers batch s'exécutent au seul énoncé de leur nom, mais d'autres exigent l'entrée de paramètres. Il existe également certains fichiers batch pouvant travailler, soit avec, soit sans argument.

On appelle paramètre tout mot entré sur la ligne de commande. Le DOS affecte la valeur %0 au premier mot rencontré c'est-à-dire au nom du batch, puis la valeur %1 au deuxième mot c'est-à-dire au premier paramètre, etc. jusqu'à un maximum de neuf paramètres. Ces paramètres permettent de moduler l'exécution du fichier batch en fonction de données choisies par l'utilisateur. On constate que le DOS précède le numéro des paramètres du signe « % ».

Supposons qu'un fichier batch nommé *garde.bat* serve à copier des fichiers dans un répertoire de façon à en conserver une copie. En utilisant la ligne de commande *copy %1 %2*, on s'assure que le premier argument indique quels fichiers copier tandis que le second argument indique où les copier. Pour copier tous les fichiers portant l'extension *.nfo* depuis un répertoire vers un lecteur D:, on utilise alors la commande *garde *.nfo d:*.

Prenons un exemple en appelant ce fichier *garde.bat* de la façon suivante :

```
garde *.nfo d:  /V
```

▶ le paramètre %0 reçoit la valeur « garde » ;

▶ le paramètre %1 reçoit la valeur « *.nfo » ;

▶ le paramètre %2 reçoit la valeur « /V ».

Le fichier *garde.bat* ressemble à ceci :

```
@echo off
REM Programme utilisant deux variables
echo Le nom de ce programme est : " %0 "
copy %1 %2
```

Si on spécifie plus de paramètres que n'en gère le programme appelé, le DOS laisse tout simplement tomber les paramètres non utilisés !

On peut modifier le fichier *garde.bat* de façon à ce qu'il utilise 9 arguments :

```
@echo off
REM exemple de programme utilisant des variables
echo Le nom de ce programme est : " %0 "
copy %1 %2 %3 %4 %5 %6 %7 %8 %9
```

Seuls sont nécessaires les arguments indispensables au fonctionnement du fichier batch. Les autres, superflus, sont utilisés s'ils sont entrés sur la ligne de commande mais n'affectent en rien l'exécution s'ils sont omis.

Notez que l'exemple donné ici n'a d'autre intérêt que didactique : au lieu d'utiliser cette nouvelle commande *double.bat*, autant utiliser la commande *copy* prévue à cet effet !

Les commandes propres aux fichiers batch

Il existe quelques commandes qui n'ont de sens qu'utilisées dans des fichiers batch. Voici une liste des principales commandes destinées à contrôler les fichiers batch :

- ▶ *call* : appelle, depuis le fichier batch, un deuxième fichier batch ;
- ▶ *echo* : désactive l'affichage des commandes (et permet, éventuellement, d'afficher un message personnalisé) ;
- ▶ *for* : boucle qui applique successivement la même suite de commandes à plusieurs fichiers ;
- ▶ *goto* : effectue un branchement à un autre endroit du fichier batch ;
- ▶ *if* : permet l'exécution conditionnelle de certaines commandes ;
- ▶ *pause* : stoppe momentanément l'exécution du fichier batch ;
- ▶ *rem* : insère des commentaires expliquant le rôle du fichier batch ;
- ▶ *shift* : permet de décaler les paramètres.

Ces commandes sont reprises plus en détails dans le chapitre 7 – Les principales commandes – (voir page 151).

Les labels

Les labels s'utilisent conjointement à la commande *goto*. Un label, parfois appelé « étiquette », marque l'endroit où l'exécution reprendra à la suite d'une instruction *goto*. Un label se définit en plaçant le caractère « : » en début de ligne : toute ligne d'un fichier batch commençant ainsi est considérée par le DOS comme un label.

Voici un exemple de fichier batch :

```
@echo off
:beginning
```

```
goto next
echo "Le fichier batch ne passe jamais par ici"
:next
echo "Le fichier batch passe par ici sans jamais s'arrêter"
goto beginning
```

Ce fichier comporte les deux labels *:beginning* et *:next*, situés aux deuxième et cinquième lignes de cet exemple. Le DOS n'exécutera jamais la quatrième ligne car à la troisième ligne le programme passe au label *:next*. Il affiche ensuite le message présent à la sixième ligne, avant de retourner à la deuxième comme le lui demande la dernière ligne de ce programme. Ce fichier batch, sans fin, n'a aucun intérêt et l'utilisateur doit recourir à la combinaison de touches <CTRL>+<C> pour l'interrompre.

Pour éviter de mauvaises surprises lors de l'exécution de vos fichiers batch, nous vous conseillons :

▶ de ne pas utiliser de caractères spéciaux ni de caractères accentués dans les noms de label ;

▶ de ne pas utiliser de caractère d'espacement entre le caractère « : » et le nom du label.

Un script pour analyser la connexion

Maintenant que nous avons les principes de base des fichiers batch, nous pouvons créer un premier script utile : nous allons lancer successivement les commandes *ipconfig* et *ping* pour nous assurer que l'ordinateur ait bien une adresse IP et que Internet soit accessible.

Pour ce faire, entrez le texte suivant dans un fichier que vous nommerez « dosping.bat » :

```
@echo off
REM fichier batch DOS qui appelle ipconfig et effectue un
REM ping puis attend que l'utilisateur appuie sur une touche
title Appuyez sur une touche pour quitter ce programme
ipconfig
```

```
ping -n 1 yahoo.com
pause > NUL
```

Vous pouvez ensuite créer un raccourci vers cette commande sur votre bureau (on peut voir ce raccourci en haut à gauche de la capture d'écran) afin de pouvoir lancer ce fichier batch depuis le bureau.

Analysons à présent ce fichier ligne par ligne :

1. *@echo off* : afin d'éviter que le DOS n'affiche tout le programme ;

2. *REM* : une ligne de commentaires expliquant ce que réalise le fichier batch ;

3. idem ;

4. *title* : pour modifier le titre de la fenêtre MS-DOS ;

5. *ipconfig* : pour afficher l'adresse IP de la machine et de la passerelle ;

L'utilitaire *dosping* permet de visualiser rapidement l'état de la connexion.

⑥ *ping -n 1* : pour envoyer un paquet PING vers le serveur yahoo.com ;

⑦ *pause* : pour éviter que la fenêtre ne se ferme de suite.

Par souci d'esthétisme et, surtout, pour illustrer différentes commandes, nous avons changé le titre de la fenêtre MS-DOS. Au lieu d'afficher « Raccourci vers dosping.bat », elle présente un message informant l'utilisateur qu'il peut fermer la fenêtre en appuyant sur une touche. Le message de la commande pause n'est alors plus nécessaire et on peut supprimer sa sortie (> NUL).

La commande pause est nécessaire pour donner le temps à l'utilisateur de lire les messages de sorties des commandes *ipconfig* et *ping*. En effet, lorsqu'un fichier batch n'est pas lancé depuis une fenêtre DOS, il en crée lui-même une mais celle-ci se ferme aussitôt l'exécution terminée !

Il s'agit d'une commande fort pratique si vous avez de temps à autre des petits problèmes de connexion.

Par exemple, si vous tentez de vous connecter à un de vos sites favoris mais que le navigateur semble rester bloqué, vous avez envie de savoir d'où vient le problème. Plutôt que de lancer un nouveau navigateur (voir note) et d'essayer d'accéder à un autre site (qui pourrait, lui aussi, être inaccessible), vous pouvez vous rendre sur le Bureau (touche ‹WINDOWS›+‹D›, pour « Windows desktop ») et cliquer sur le raccourci dosping. L'opération nécessite un raccourci clavier et deux clics de souris : c'est extrêmement rapide !

Après deux ou trois utilisations, vous déchiffrerez la sortie des commandes *ipconfig* et *ping* en une fraction de seconde. Généralement, si le site *yahoo.com* (mais vous pouvez en utiliser un autre) répond, c'est que la connexion est établie.

Internet Explorer lance autant de navigateurs qu'il y a de sites ouverts. Par contre, d'autres navigateurs tel l'excellent (et gratuit) navigateur Firefox, se contente d'ouvrir non pas un nouveau navigateur mais simplement un nouvel onglet. Cela présente principalement l'avantage de consommer beaucoup moins de mémoire.

Notez qu'il est possible d'apporter de nombreuses améliorations à ce script. Vous pourriez, par exemple, d'abord effectuer un ping vers une adresse IP, puis un second ping vers *yahoo.com*, ce qui permettrait d'isoler un éventuel problème de DNS. Vous pourriez encore utiliser diverses commandes DOS pour modifier les messages de sorties afin de les rendre plus lisible, etc.

Un script pour effectuer une sauvegarde

Si vous avez besoin d'échanger régulièrement des données entre deux endroits, par exemple entre votre domicile et votre lieu de travail, vous pouvez créer un script qui effectue une sauvegarde de vos répertoires importants sur une clé USB.

Vous pourriez également utiliser un tel script pour, tout simplement, effectuer une copie de sauvegarde. Ainsi, en cas de gros problème, tel le crash d'un disque dur ou le vol du PC, il vous resterait malgré tout une copie de vos données importantes.

Les clés USB représentent à présent un excellent moyen de sauvegarde : on trouve des clés dont la taille va de 256 à 512 Mo, soit presque autant qu'un CD-ROM. De plus, ce type de périphérique de stockage ne dispose d'aucune pièce mécanique (contrairement à un lecteur de CD-Rom ou de DVD) et est donc extrêmement rapide.

Vous pourriez, dès lors, créer un script très simple ressemblant à ceci :

```
@echo off
REM fichier batch qui effectue une copie de tous les fichiers
REM importants du dossier C:\Documents and Settings\Jean\importants
REM sur le support USB de 256 Mo qui a la lettre I: et ce seulement
REM si le support USB est bien accessible.

if exist I:\jeton.txt xcopy I:\importants\*.* C:\Documents and
Settings\Jean\importants /e /c /i /h /r /y /d /f

if exist I:\jeton.txt xcopy C:\Documents and Settings\Jean\importants\*.*
I:\importants /e /c /i /h /r /y /d /f
```

Dans cet exemple, le périphérique USB reçoit toujours la lettre I: et c'est donc sur ce lecteur que nous allons chercher et que nous copions les fichiers.

L'utilisation de la condition *if exist* permet de s'assurer de la présence d'un fichier nommé *jeton.txt* sur le support USB avant d'effectuer la copie. En procédant de la sorte, on évite de se tromper de clé USB.

Pour que ce genre de script fonctionne pour vous, vous devez bien évidemment modifier les noms de lecteurs et répertoires ainsi que placer un « jeton » sur votre support USB.

Une solution fort simple consiste à utiliser, comme dans cet exemple, un jeton nommé *jeton.txt*. Peu importe ce qu'il contient. Prenons le cas d'un petit texte expliquant sa présence sur le support USB :

```
C:\>  more  i:\jeton.txt
Ce fichier indique que ce support USB est bien celui sur lequel les
copies de sauvegarde doivent avoir lieu. Notez que la sauvegarde
est faite dans le dossier « importants ».
```

En connaissant bien les différentes commandes et les possibilités de programmation du DOS, il est possible de réaliser des scripts bien plus complexes et, surtout, bien mieux adaptés à vos besoins.

Il existe d'autres moyens pour partager des données qui doivent être accessibles sur plusieurs ordinateurs. Si les différents ordinateurs sont reliés à Internet, il est parfois plus facile de centraliser toutes les informations sur un serveur plutôt que sur un support physique telle la clé USB de notre exemple.

CHAPITRE 7

LES PRINCIPALES COMMANDES

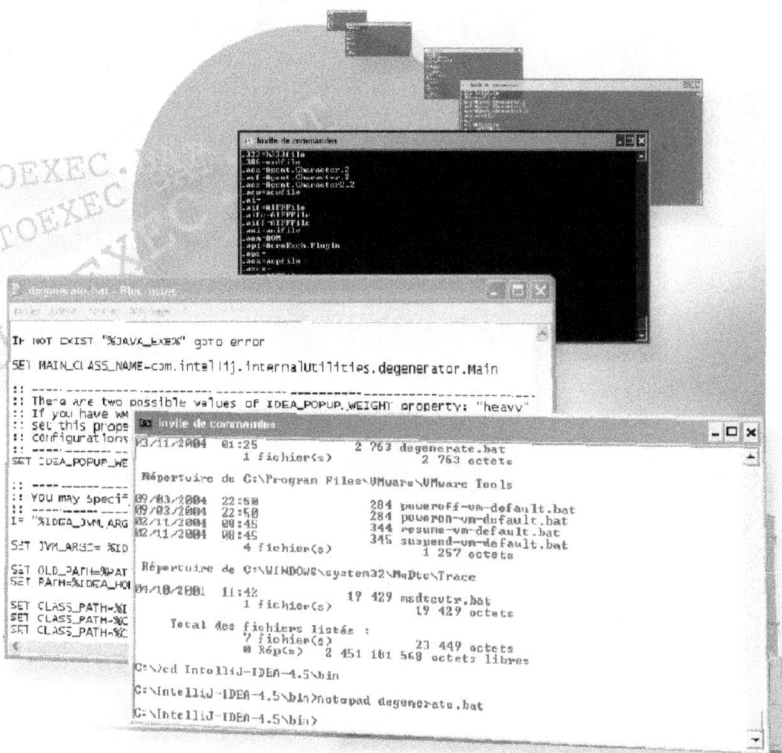

Ce chapitre constitue un véritable aide-mémoire que vous pouvez utiliser pour retrouver une commande DOS accompagnée, généralement, d'au moins un exemple ainsi que d'une description de ses paramètres les plus importants.

La commande help

La commande DOS *help* permet d'obtenir la liste des diverses commandes DOS reconnues par le système. Sachez toutefois que cette liste n'est pas toujours exhaustive. Par exemple, la commande *route* existe pour Windows 2000 tout comme pour Windows XP mais la commande *help* de Windows 2000, contrairement à celle de Windows XP, n'affiche pas cette information.

Les différentes versions du DOS

Toutes les commandes décrites dans ce chapitre contiennent un tableau récapitulant la présence des commandes pour les différentes versions du DOS à partir du DOS 6. Ce tableau comporte trois colonnes :

- ▶ Windows 2000/XP ;
- ▶ Windows 95/98 ;
- ▶ MS-DOS 6.

La version de Windows nommée Millennium est beaucoup plus rare et est, du point de vue du DOS, similaire à Windows 95 et 98.

La version Windows NT, quant à elle, n'a jamais été conseillée pour les particuliers, et est, du point de vue du DOS, similaire à Windows 2000 et XP.

N'oubliez pas qu'il est possible d'utiliser des émulateurs : un PC équipé de Windows XP peut faire tourner le vrai DOS 6.22 dans un émulateur (tel VMWare). Il est alors évident que toutes les commandes du DOS 6.22 deviennent accessibles.

- Ce n'est pas parce qu'une commande est absente d'un système qu'il est pour autant impossible de l'obtenir. Les commandes *pushd* et *popd*, par exemple, qui existent sous Windows 2000 et XP mais pas sous Windows 95 et 98 ni sous DOS 6, peuvent être obtenues en installant un utilitaire nommé 4Dos. Donc, si une commande vous manque réellement sur l'une ou l'autre version du DOS, vous pouvez chercher sur Internet un utilitaire vous permettant de combler cette lacune du système.

- Les exemples accompagnant certaines commandes font appel à d'autres commandes non encore rencontrées dans l'ouvrage. Dans ce cas, vous pouvez vous reporter à la nouvelle commande en vous rendant plus loin dans ce chapitre.

- Nous n'avons pas indiqué la disponibilité des commandes pour les versions de MS-DOS antérieures au DOS 6.0 : elles sont toutefois fort similaires à celles présentes sur le DOS 6.0. Cependant, si vous travaillez avec un DOS sans Windows, nous vous recommandons d'utiliser la dernière version officielle du DOS (ou un clone DOS compatible avec cette dernière version), c'est-à-dire la version 6.22.

L'aide incorporée au DOS

Nous avons vu au premier chapitre que chaque commande disposait de sa propre aide, généralement accessible en spécifiant, à l'invite de commandes, l'option « /? » après le nom de la commande.

Vous devrez recourir à cette aide si vous désirez utiliser un paramètre non documenté dans ce chapitre. En effet, il existe tellement de commandes et tellement de paramètres différents qu'il serait impossible de les décrire tous dans cet ouvrage ! Nous avons donc effectué un tri, pour ne retenir que les paramètres les plus importants.

La présentation des commandes

Les commandes présentées dans ce chapitre contiennent différentes informations. On retrouve notamment :

▸ les systèmes d'exploitations acceptant la commande ;

▸ la syntaxe de la commande ;

▸ une description ;

▸ les paramètres supportés ;

▸ un ou plusieurs exemples.

Voici ce que cela donne pour la commande *attrib* :

attrib

Windows 2000/XP, Windows 95/98, DOS 6

La commande *attrib* est donc disponible sur les DOS de toutes les versions de Windows ainsi que sur le DOS 6 (les versions du DOS antérieures au DOS 6 ne sont pas prises en compte).

Syntaxe

attrib [+ l - A] [+ l - R] [+ l - H] [+ l - S] fichier [/S] [/D]

La commande *attrib* accepte différents paramètres. Tous les paramètres indiqués entre les crochets « [» et «] » sont optionnels.

La plupart des captures d'écran de ce chapitre ont été réalisées sous Windows XP. Le fonctionnement des commandes, lorsqu'elles existent sous Windows 95/98/2000 et sous DOS 6, sont cependant similaires. Le DOS de Windows XP supporte les noms de fichiers longs : ne vous étonnez donc pas de voir des noms de répertoires et de fichiers dépassant la limite dite « 8.3 » des anciens DOS (voir page 69).

Avant de présenter les différentes commandes, nous commencons par quelques caractères ayant une signification spéciale sous DOS et dont vous aurez besoin pour pouvoir utiliser certaines commandes. Ces caractères ne sont accompagnés que d'une description succinte et ne comportent pas d'exemple mais vous en trouverez dans les autres commandes de ce chapitre.

@

Syntaxe

```
@commande
```

Description

Ce symbole s'utilise dans les fichiers batch. Placé devant une commande *echo*, ce symbole permet de ne pas afficher la première ligne (*echo on* ou *echo off*) qui est normalement affichée (même si, justement, on demande la commande *echo off*).

>

Syntaxe

```
> nom
```

Description

Ce symbole s'utilise principalement avec de nombreuses commandes DOS : *dir, echo, find*, etc.

Il permet la redirection de l'affichage sur un autre périphérique que le périphérique par défaut (l'écran).

Paramètre

nom   Le nom d'un fichier ou d'un périphérique de sortie.

Notez que le caractère « › » est également utilisé par le DOS pour terminer l'invite de commandes (par exemple C:/›).

››

Syntaxe

```
>> nom
```

Description

Cette commande est semblable au symbole « › ». La différence avec celui-ci réside dans le fait que si le fichier de sortie (désigné ici par nom) existe déjà, celui-ci est complété (et non réécrit).

Paramètre

nom   Le nom d'un fichier ou d'un périphérique de sortie.

:

Syntaxe

```
:label
```

Description

Ce caractère, suivi du nom d'un label, s'utilise dans un fichier batch pour spécifier un endroit où une commande *goto* peut effectuer un branchement.

Paramètre

label   Le nom d'une étiquette représentant un point de branchement dans un fichier batch.

=

Syntaxe

```
commande = argument
```

Description

Ce symbole syntaxique s'utilise avec certaines commandes (comme, par exemple, la commande *set*).

Notez qu'il ne faut pas confondre le caractère « = » avec le signe « == ».

==

Syntaxe

Ces symboles sont utilisés dans les fichiers batch avec la commande *if,* pour comparer deux chaînes de caractères et, en fonction du résultat, exécuter une commande ou provoquer un branchement direct (*goto*).

//

Syntaxe

```
//nom
```

Description

Cette double barre (*backslash*) est utilisée pour indiquer au DOS qu'on accède à une ressource située sur une machine du réseau (et non à une ressource de la machine locale).

Paramètre

nom   Le nom d'une ressource réseau.

*

Syntaxe

nom partiel*

*nom partiel

Description

Ce caractère générique remplace (en fonction de sa place dans la chaîne de caractères) un ou plusieurs caractères dans le nom d'un fichier. Le caractère générique peut être utilisé aussi bien pour le nom proprement dit que pour l'extension du nom. En bref, placé à un endroit de la chaîne de caractères composant le nom, ce caractère générique remplace tous les caractères manquants à partir de cette position jusqu'à la fin.

Ainsi, lorsque le système d'exploitation rencontre ce caractère, il considère qu'il remplace toute la chaîne de caractères commençant à son emplacement et se terminant soit à la fin du nom, soit à la fin de l'extension.

?

Syntaxe

début du nom ? fin du nom

Description

Ce caractère générique ressemble au caractère générique «*» que nous venons de voir mais il ne remplace qu'un seul caractère.

Contrairement au caractère «*», il force la présence d'exactement un caractère là où il est employé : « test » est équivalent à « te?t » mais « tet » ne l'est pas.

|

Syntaxe

première commande | seconde commande

Description

Cette commande d'aiguillage permet de rediriger la sortie d'une première commande comme entrée d'une seconde commande. Elle agit donc comme un filtre : les données de la première commande sont filtrées par la seconde commande. Pour ce faire, le DOS utilise un fichier temporaire totalement transparent pour l'utilisateur.

Paramètre

première commande   Une commande produisant une sortie sur la sortie standard (l'écran).

seconde commande   Une commande acceptant comme entrée un fichier.

- Le caractère «|» peut être obtenu en entrant la combinaison de touche ‹alt›+‹1›‹2›‹4› (en se servant du clavier numérique pour entrer les chiffres).
- On peut utiliser, sur une seule ligne de commande, plusieurs fois le caractère «|» et ainsi enchaîner plus de deux commandes.

%

Syntaxe

%val

Description

Ce symbole sert à indiquer le passage d'un paramètre à un fichier batch.

Paramètre

val   La valeur du paramètre à passer à un fichier batch.

Notez que le chapitre 6 – *Les fichiers batch* – contient différents fichiers batch utilisant le caractère « % ».

%%

Syntaxe

%%x

Description

Ce symbole est particulier puisqu'il n'est utilisé qu'avec la commande *for* et donc uniquement dans un fichier batch. Il sert à identifier le nom d'une variable.

Pour comprendre quand et comment utiliser ce paramètre, reportez-vous à l'explication détaillée de la commande *for* présentée à la page 200 .

Paramètre

x   Un caractère valide (une lettre de « a » à « z », écrite en minuscule ou en majuscule, ou un chiffre).

assoc

Windows 2000 / XP

Syntaxe

assoc
assoc extension=type

Description

La commande *assoc*, sans aucun paramètre, affiche la liste de tous les types de fichiers associés aux différentes extensions.

En spécifiant une extension et un type de fichier, on crée un lien entre ces deux arguments. Cette relation peut ensuite être utilisée par le système et par d'autres commandes (par exemple *ftype*).

Exemple

C:\> assoc .pl=PerlScript

Le système considère à présent que tous les fichiers portant l'extension *.pl* sont des scripts Perl.

La commande assoc affiche tous les types de fichiers enregistrés.

attrib

Windows 2000/XP, Windows 95/98, DOS 6

Syntaxe

attrib [+ l- A] [+ l- R] [+ l- H] [+ l- S] fichier [/S] [/D]

Description

Cette commande permet de modifier certains attributs (flags) cachés des fichiers. Si aucun paramètre n'est transmis, la commande *attrib* affiche les attributs de tous les fichiers du répertoire courant. Pour afficher les attributs d'un seul fichier, il suffit d'utiliser la commande *attrib* sans paramètre ni option et en précisant le nom du fichier à examiner.

Paramètres

+R   (+ *Read only*) Le fichier peut uniquement être lu.

-R   (- *Read only*) Désactive l'option de lecture seule.

+A   (+ *Archive*) Active l'attribut d'archivage du fichier.

-A   (- *Archive*) Désactive l'attribut d'archivage du fichier (le fichier est à présent considéré comme ayant été archivé).

+H   (+ *Hidden*) Active l'option pour cacher le fichier.

-H   (- *Hidden*) Rend le fichier visible.

/S   Traite également, récursivement, tous les sous-répertoires.

/D   Affiche également les informations concernant les répertoires.

Exemples

C:\Documents and Settings\Jean> attrib +r client.txt

On met le fichier client.txt en mode « lecture seule ». Si le fichier se trouve déjà dans ce mode, rien ne se passe.

C:\Documents and Settings\Jean> attrib client.txt
   R   client.txt

Sans aucun paramètre, la commande *attrib* affiche les attributs du fichier *client.txt*. Ici, seul l'attribut « lecture seule » (*Read only*) est activé.

- La commande *attrib* est l'une des rares commandes à laquelle on peut passer des paramètres en utilisant le caractère « + » et « - ».

- N'oubliez pas que les attributs d'un fichier influencent le comportement de Windows et de certaines commandes DOS. Ainsi, un fichier portant l'attribut « caché » n'apparaîtra pas par défaut dans l'explorateur de Windows.

```
 Invite de commandes                                              _ □ ×
C:\>attrib
A                 C:\AUTOEXEC.BAT
     SH           C:\boot.ini
A    SHR          C:\Bootfont.bin
A                 C:\CONFIG.SYS
A                 C:\exemple.txt
A                 C:\infosIP.txt
A    SHR          C:\IO.SYS
A    SHR          C:\MSDOS.SYS
A    SHR          C:\NTDETECT.COM
A    SHR          C:\ntldr
A                 C:\Raccourci vers essai.lnk
A                 C:\test.txt

C:\>
```

La commande *attrib* montre les attibuts des différents
fichiers présents à la racine du disque dur.

call

Windows 2000/XP, Windows 95/98, DOS 6

Syntaxe

call fichier batch paramètres à passer au fichier batch

Description

La commande *call* est quelque peu particulière puisqu'elle permet d'appeler un fichier batch. Cette commande DOS est généralement utilisée à l'intérieur d'un fichier batch et non directement à l'invite de commandes.

Cette commande accepte des paramètres mais ne les utilise pas : elle se contente de les faire passer au fichier batch qu'elle appelle.

La commande *call* est notamment pratique pour éviter qu'un fichier batch ne devienne trop compliqué. En effet, en divisant un fichier batch en plusieurs fichiers batch, plus petits, on améliore la lisibilité des programmes (un fichier batch étant un véritable petit programme).

Le fichier batch appelé reçoit les mêmes variables d'environnement que le fichier appelant. Par exemple, si on demande à ce que les sorties d'un fichier batch ne soit pas affichées (commande *echo off*) et qu'on appelle ensuite un autre fichier batch, les sorties de ce dernier ne seront pas affichées non plus (sauf, bien sûr, si on demande expressément l'affichage du programme).

Exemple

call process *.bak *.txt

Le fichier *process.bat* est appelé avec deux paramètres : *.bak et *.txt.

A présent, nous allons créer un premier fichier batch nommé *appelant.bat* :

```
@echo off
REM Le fichier batch appelant.bat parcours le répertoire courant
REM et appelle le fichier batch listattr.bat pour chaque fichier
REM trouvé portant l'extension .txt
```

```
FOR %%A IN (*.txt) DO call listattr.bat %%A
```

```
ECHO Traitement fini
```

Le premier fichier batch appelle, pour chaque fichier texte trouvé, le fichier listattr.bat dont voici le listing :

```
REM Le fichier batch listattr.bat affiche la taille et les attributs
REM du fichier spécifié en argument
DIR %1
ATTRIB %1
```

Le premier fichier batch n'accepte aucun paramètre et on se contente donc d'entrer son nom à l'invite de commandes pour l'appeler :

```
C:\Documents and Settings\Jean>  appelant

...
```

Le second fichier batch peut être utilisé indépendamment du premier (tandis que le premier fichier batch ne fonctionne que si un fichier batch nommé *listattr.bat* existe).

La sortie des fichiers batch *appelant.bat* et *listattr.bat*.

La capture d'écran de la page précédente montre l'exécution du fichier nommé *appelant.bat* dans un répertoire contenant deux fichiers portant l'extension *.txt*.

- Historiquement, la commande *call* a été introduite pour permettre à un fichier batch appelant un autre fichier batch de pouvoir ensuite continuer son exécution. Sans la commande call, il est possible d'appeler un fichier batch depuis un autre, mais l'exécution du fichier batch appelant se termine en même temps que celle du fichier batch appelé.

- La commande *call* dont dispose Windows XP a été fortement améliorée et dispose d'une aide intégrée exhaustive (tapez « help call ») que nous vous conseillons de lire si vous désirez appeler des fichiers batch depuis d'autres fichiers batch.

cd

Windows 2000/XP, Windows 95/98, DOS 6

Syntaxe

cd nom de répertoire

Description

La commande *cd* (*change dir*) permet de changer le répertoire courant. Utilisée sans argument, elle indique le nom du répertoire courant.

Exemples

C:\Documents and Settings\Jean> cd essais

C:\Documents and Settings\Jean\essais>

On passe dans le sous-répertoire essais à l'aide de la commande *cd*.

```
C:\exemple>  cd
C:\exemple
C:\exemple>
```

Sans argument, la commande *cd* affiche le répertoire courant. Cela n'a aucun intérêt lorsque la variable *prompt* (voir page 225) est, comme ici, configurée pour afficher ce répertoire.

Notez que si vous travaillez sous un DOS qui permet de compléter automatiquement les noms de fichiers et de répertoires, tel le DOS de Windows 2000 et de Windows XP, nous vous conseillons d'user au maximum de la touche <TAB>. Par exemple :

```
C:\>  cd do<tab>
C:\Documents and Settings>
```

Au lieu d'entrer le nom complet du répertoire (*Documents and Settings*), on entre les deux caractères « do » et le système, lorsqu'on appuie sur la touche <TAB>, complète ce nom automatiquement. On gagne non seulement du temps mais, en plus, on évite bien des fautes de frappe.

> La commande *chdir* est strictement identique à la commande *cd*. Cette commande est tellement souvent utilisée qu'on préfère généralement recourir à sa version courte.

chkdsk

Windows 2000/XP, Windows 95/98, DOS 6

Syntaxe

```
chkdsk [lecteur][nom des fichiers]  [/F]  [/V]
```

Description

La commande *chkdsk* (*check disk*) donne des informations concernant des fichiers. Cette commande sert aussi bien à donner des renseignements sur la configuration qu'à tester les éventuels problèmes survenus en cours d'utilisation d'un disque amovible ou d'un disque dur. En fin d'utilisation, la commande *chkdsk* donne des informations concernant :

▶ le nom du volume ;

▶ la capacité totale du disque ;

▶ la place utilisée par les fichiers cachés du système ;

▶ la place utilisée pour la création des sous-répertoires ;

▶ la place utilisée par les secteurs défectueux ;

▶ la place restant sur le disque.

Si le lecteur est omis, la commande concerne le lecteur actif. Si aucun nom de fichier n'est spécifié, la commande concerne l'ensemble du disque.

Paramètres

/F   Demande au système qu'il essaye de corriger les éventuelles erreurs rencontrées.

V   Affiche des informations détaillées concernant tous les fichiers traités.

Exemple

```
C:\> chkdsk
Le type du système de fichiers est NTFS.
Avertissement ! Le paramètre F n'a pas été spécifié.
Exécution de CHKDSK en mode lecture seule.
...
4184900 Ko d'espace disque total
1779964 Ko dans 12216 fichiers
   3904 Ko dans 1179 index
      0 Ko dans des secteurs défectueux
2361960 Ko disponibles sur le disque
...
C:\>
```

La commande *chkdsk* permet de constater que plus de 12 000 fichiers utilisent environ 1,8 Go d'octets sur le disque C:.

> Les versions Windows 2000 et XP de la commande *chkdsk* disposent de quelques paramètres supplémentaires concernant les systèmes de fichiers de type NTFS.

cls

Windows 2000/XP, Windows 95/98, DOS 6

Syntaxe

cls

Description

La commande *cls* (*clear screen*) efface entièrement l'écran. Il s'agit d'une commande extrêmement simple, très rapide à taper, ne prenant aucun

La commande *cls* efface les sorties des commandes précédentes.

paramètre. Sa seule fonction est d'améliorer la lisibilité des prochaines commandes que vous entrerez.

Pour mieux vous y retrouver parmi les sorties de multiples commandes DOS, n'hésitez pas à recourir souvent à cette fonction.

Après avoir effectué un *cls*, seul l'invite de commandes (défini par la variable *prompt*), subsiste à l'écran.

> Cette commande est également très souvent utilisée au début d'un fichier batch, pour mettre en valeur les messages de sorties du fichier.

cmd

Windows 2000/XP, Windows 95/98

Syntaxe

cmd

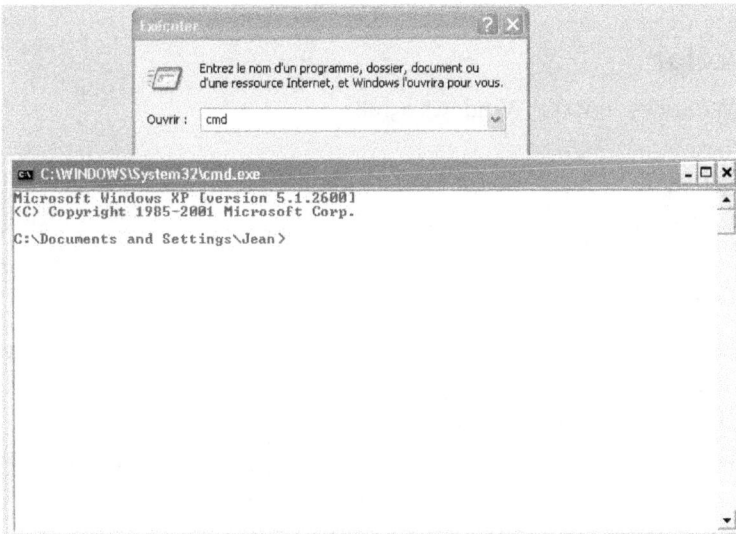

La commande *cmd* ouvre un DOS 32 bits.

Description

La commande *cmd*, apparue avec Windows 2000, est une commande très importante puisque c'est elle qui permet de lancer le DOS 32 bits incorporé à Windows 2000 et Windows XP.

Il est possible d'appeler cette commande manuellement. Par exemple, en ouvrant le menu *Démarrer* puis en choisissant *Exécuter* et en entrant ensuite « cmd ».

Nous avons déjà vu qu'il était possible, sous Windows 2000 et XP, d'ouvrir plusieurs DOS 32 bits simultanément et qu'à chaque fenêtre DOS ouverte correspond un processus *cmd.exe* en mémoire.

> Il ne faut pas confondre la commande *cmd* avec la commande *command.com*. La commande *cmd* ouvre un DOS 32 bits, plus performant que les anciens DOS et qui supporte, notamment, les noms de fichiers longs ainsi qu'une fonction pour compléter automatiquement les noms de fichiers (en appuyant sur la touche <TAB>).

color

Windows 2000/XP, Windows 95/98

Syntaxe

color [xx]

Description

La commande *color* permet de modifier les couleurs utilisées par la fenêtre de commandes DOS. Ces couleurs sont, par défaut, le gris pour l'avant-plan et le noir pour l'arrière-plan.

Pour modifier ces couleurs par défaut, il faut passer deux paramètres à la commande *color*. Chaque paramètre peut prendre exactement 16 valeurs, représentées en base hexadécimale (c'est-à-dire en utilisant les chiffres de 0 à 9 et les lettres de A à F).

Le premier paramètre correspond à la couleur d'arrière-plan et le second à celle du premier plan.

Paramètres

0	Noir	8	Gris
1	Bleu foncé	9	Bleu clair
2	Vert	A	Vert clair
3	Bleu-gris	B	Cyan
4	Marron	C	Rouge
5	Pourpre	D	Rose
6	Kaki	E	Jaune
7	Gris clair	F	Blanc

Exemples

```
C:\> color 0A
```

La couleur de fond devient (ou reste) noire tandis que les caractères sont à présent affichés en vert clair, comme sur certains vieux écrans monochromes !

- Toutes les captures d'écran présentes dans cet ouvrage ont été réalisées en utilisant préalablement la commande suivante :

  ```
  color F0
  ```

- Si on ne passe qu'un paramètre à la commande color, c'est la couleur du premier plan qui est modifiée.

- La commande *color* accepte aussi bien les paramètres écrits en majuscules que ceux en minuscules.

comp

Windows 2000/XP, DOS 6

Syntaxe

comp fichier(s) fichier(s) [/D] [/A] [/L] [/N = n] [/C]

Description

La commande *comp* (*compare*) compare deux fichiers et affiche leurs différences. Si plusieurs fichiers sont transmis, par exemple à l'aide de caractères
génériques, ce sont alors des ensembles de fichiers qui sont comparés.

Paramètres

/D   Affiche les informations sous forme décimale.

/A   Affiche les informations à l'aide de caractères ASCII.

/L   Affiche les numéros des lignes qui diffèrent.

/N=n Compare seulement les *n* premières lignes de chaque fichier.

/C   Force à ne pas tenir compte de la casse des caractères.

Exemples

```
c:\essais\> comp test.txt exemple.txt /D
Comparaison de test.txt et exemple.txt
Erreur de comparaison à OFFSET 17 fichier1 = 65 fichier2 = 97
Comparer d'autres fichiers (O/N) ? N
```

Les fichiers *test.txt* et *exemple.txt* diffèrent d'un caractère, le 17e.

```
c:\essais\> comp test.txt exemple.txt /A
Comparaison de test.txt et exemple.txt
Erreur de comparaison à OFFSET 17 fichier1 = A fichier2 = a
Comparer d'autres fichiers (O/N) ? N
```

Les caractères ASCII correspondant aux codes 65 et 97 sont, respectivement, « A » et « a ».

```
c:\essais\> comp test.txt exemple.txt /C
Comparaison de test.txt et exemple.txt
Comparaison des fichiers OK
```

Les fichiers *test.txt* et *exemple.txt* sont identiques lorsqu'on ne tient pas compte de la casse.

copy

Windows 2000/XP, Windows 95/98, DOS 6

Syntaxe

```
copy [paramètres] source destination
```

Description

La commande *copy* permet de copier un ou plusieurs fichiers. Si plusieurs fichiers sont spécifiés, ils sont copiés dans le répertoire destination. Si un seul fichier source est spécifié, il peut soit être copié dans un répertoire, soit sous un autre nom.

Paramètres

/Y   Force le système à ne pas demander de message de confirmation avant d'écraser un fichier qui serait déjà présent.

/V   Vérifie l'intégrité du ou des fichiers copiés.

/A   Avertit le système qu'il copie un fichier ne contenant que des caractères ASCII.

Exemples

```
C:\essais> copy a:*.* .
```

Copie tous les fichiers depuis la disquette vers le répertoire courant.

C:\essais> copy test.txt exemple2.txt

   1 fichier(s) copié(s).

Le fichier nommé *test.txt* est copié depuis le répertoire courant (essais) vers ce même répertoire, sous le nom *exemple2.txt*. Il existe donc à présent deux copies identiques de ce fichier, sous deux noms différents.

C:\essais> copy test.txt exemple2.txt

Remplacer testcp.txt (Oui/Non/tous) : N

   0 fichier(s) copié(s).

Le fichier *exemple2.txt* existant déjà, la commande *copy* demande une confirmation avant d'effectuer la copie.

C:\essais> copy test.txt exemple2.txt /Y

   1 fichier(s) copié(s).

En passant le paramètre */Y*, on force la commande *copy* à écraser le fichier de destination (qu'il existe déjà ou non).

date

Windows 2000/XP, Windows 95/98, DOS 6

Syntaxe

date [date] [/T]

Description

La commande *date* affiche la date courante et propose ensuite à l'utilisateur de la modifier. Si une date est précisée en paramètre, l'horloge interne de l'ordinateur est immédiatement modifiée.

Paramètre

/T   la commande date affiche la date sans demander ensuite à l'utilisateur d'entrer une nouvelle date

Exemples

C:\essais> date

29/10/2004

Entrez la nouvelle date : (jj-mm-aa) 10-10-04

On modifie la date, en tenant compte du format demandé par la commande date (jj-mm-aa).

C:\essais> date /T

10/10/2004

C:\essais>

En utilisant le paramètre /T, le système ne demande pas d'entrer une nouvelle date.

- Le commutateur /T, supporté sous Windows 2000 et XP, est fort pratique dans les fichiers batch. En effet, en supprimant la sortie interactive, on peut par exemple utiliser cette commande pour indiquer automatiquement à quelle date un fichier a été généré (tel un fichier de sauvegarde).

- Si on désire simplement connaître la date courante sans vouloir la modifier mais qu'on oublie le commutateur /T, il suffit d'appuyer sur <ENTRÉE> lorsque le système propose d'entrer une nouvelle date.

- Le système indique que le format à utiliser pour entrer une nouvelle date est *mm-jj-aa* mais les caractères « / » et « . » peuvent être employés à la place du tiret.

del

Windows 2000/XP, Windows 95/98, DOS 6

Syntaxe

del [paramètres] fichier(s)

Description

Cette commande permet de supprimer un ou plusieurs fichiers. On peut utiliser les caractères génériques « * » et « ? » pour spécifier plusieurs fichiers.

Lorsqu'un nom de répertoire est transmis à la commande del, c'est tout le contenu du répertoire qui est effacé.

Cette commande n'agit, par défaut, que sur le répertoire courant. Si on souhaite effacer plusieurs sous-répertoires, il faut soit se positionner successivement sur chacun d'entre eux, soit utiliser la commande *del* avec des caractères génériques et l'option */S*. Nous vous recommandons toutefois d'être très prudent dans ce dernier cas (voir encadré p. 181).

Pour éviter de mauvaises surprises, on peut protéger les fichiers contre leur effacement inopiné en utilisant la commande attrib. La commande del affiche le message « Accès refusé » lorsqu'on essaye d'effacer un fichier protégé de la sorte.

Paramètres

/P   Demande une confirmation avant de supprimer un fichier.

/F   Force la suppression d'un fichier, même si celui-ci est en lecture seule.

/S   Supprime récursivement tous les fichiers dans les sous-répertoires.

/Q   N'affiche pas de demande de confirmation lors de l'effacement de plusieurs fichiers spécifiés à l'aide de caractères génériques.

/A:[x]   Ne supprime que les fichiers dont les attributs correspondent à ceux précisés après le paramètre /A (R, H, S ou A).

Exemples

```
C:\essais>  del  archive.bak

C:\essais>
```

Lorsqu'on efface un simple fichier (ne possédant pas l'attribut « lecture seule »), la commande *del* ne demande pas de confirmation.

```
C:\essais> mkdir dossier1
C:\essais> del dossier1
C:\essais\dossier1\*, êtes-vous sur (O/N) ? O
```

Lorsqu'on veut effacer un répertoire, la commande *del* vous demande de confirmer que vous désirez bien effacer tous les fichiers présents dans ce répertoire.

```
C:\essais> del dossier1
C:\essais\dossier1\*, êtes-vous sur (O/N) ? O
C:\essais> dir

...
10/10/2004  13:37  <REP>  dossier1
```

On exécute la commande *del dossier1* puis on constate que, malgré tout, le répertoire *dossier1* est toujours présent ! C'est normal, la commande *del*, aussi étrange que cela puisse paraître, efface, par défaut, tous les fichiers d'un répertoire mais pas tous ses sous-répertoires ni le répertoire en lui-même.

```
C:\essais>  mkdir  dossier2
C:\essais>  cd  dossier2
C:\essais\dossier2>  mkdir  dossier3
C:\essais\dossier2>  copy  ..\exemple.txt  .
C:\essais\dossier2>  copy  ..\exemple.txt  dossier3
C:\essais\dossier2>  cd  ..
C:\essais>  del  dossier2  /S  /Q
Fichier supprimé - C:\essais\dossier2\dossier3\exemple.txt
Fichier supprimé - C:\essais\dossier2\exemple.txt
```

On crée tout d'abord un répertoire nommé *dossier2*. On se rend dans ce répertoire et on y crée un sous-répertoire nommé *dossier3*. On place une copie du fichier *C:\essais\exemple.txt* dans le répertoire *dossier2* et on place ensuite une deuxième copie de ce même fichier dans le sous-répertoire nommé *dossier3*. On appelle ensuite la commande del avec les paramètres */S* et */Q*, ce qui a pour effet de supprimer tous les fichiers de tous les sous-répertoires du répertoire nommé *dossier2* et ceci sans demander aucune confirmation.

Notez que lors d'une telle opération, tous les fichiers ainsi que tous les fichiers des sous-répertoires sont automatiquement effacés, mais la structure des répertoires n'est pas modifiée. Dans notre exemple, le répertoire *dossier2* et son sous-répertoire *dossier3* existent toujours sur le disque dur.

Il faut être très prudent en utilisant cette commande. Si vous travaillez sur un système sur lequel vous avez tous les droits, c'est-à-dire notamment tous les DOS jusqu'à Windows 98 ou les DOS de Windows 2000 et XP exécutés en tant qu'administrateur, vous pouvez, à l'aide d'une seule fausse manœuvre, effacer des fichiers indispensables au bon fonctionnement du système et rendre ainsi le système inutilisable, ou encore effacer toutes vos

```
Invite de commandes                                                        _ □ ×
C:\essais>del blut
C:\essais\blut\*, êtes-vous sûr (O/N) ? O

C:\essais>dir
 Le volume dans le lecteur C n'a pas de nom.
 Le numéro de série du volume est F4CC-8CB9

 Répertoire de C:\essais

12/12/2003  13:01    <REP>          .
12/12/2003  13:01    <REP>          ..
12/12/2003  13:01    <REP>          blut
29/11/2002  12:31              14 test.txt
29/11/2002  12:31              14 testcp.txt
               2 fichier(s)              28 octets
               3 Rép(s)   2 418 630 656 octets libres

C:\essais>attrib +R test.txt

C:\essais>del test.txt
C:\essais\test.txt
Accès refusé.

C:\essais>
```

La commande *del* est à la fois pratique et dangereuse.

données. C'est pourquoi il faut être particulièrement prudent lorsqu'on n'utilise pas les paramètres par défaut de la commande.

- Les anciens DOS, par défaut, ne demandaient pas de confirmation avant d'effacer de nombreux fichiers.

- Nous n'avons cessé de le répéter tout au long de cet ouvrage : la meilleure solution pour ne jamais avoir de surprise désagréable consiste à effectuer régulièrement des copies de sécurité de vos fichiers importants.

- Pour effacer un répertoire, il faut utiliser la commande *rmdir*.

- Sur les systèmes de fichiers de type FAT, les fichiers ne sont pas directement effacés lorsqu'on utilise la commande *del*. Dès lors, si vous faites une fausse manoeuvre, sachez qu'il existe des utilitaires payants disponibles sur Internet (tel Uneraser) permettant de retrouver certains fichiers récemment effacés.

- L'ancienne commande DOS *deltree* n'est plus disponible depuis Windows 2000 : il faut à présent utiliser la commande *rmdir* avec le paramètre /S (voir page 231).

dir

Windows 2000/XP, Windows 95/98, DOS 6

Syntaxe

    dir chemin [paramètres]
    dir fichier [paramètres]

Description

La commande *dir* (*directory*) est l'une des commandes les plus utilisées sous DOS : elle affiche le contenu du répertoire courant et, éventuellement,

de ses sous-répertoires. De plus, elle donne également le nom du disque, le nombre de fichiers rencontrés et le nombre d'octets disponibles.

Cette commande n'est pas uniquement utilisée à l'invite : grâce à tous les paramètres dont elle dispose, elle se rend bien souvent utile dans des fichiers batchs (par exemple pour faire des rapports automatiquement consignés dans des fichiers *.txt*).

Par défaut, l'affichage se fait en cinq colonnes, les colonnes contenant respectivement :

▶ la date de création du fichier ;

▶ l'heure de création du fichier ;

▶ le type du fichier (fichier ou répertoire) ;

▶ la taille du fichier ;

▶ le nom du fichier.

Par exemple :

```
C:\Documents and Settings\Jean\Backup> dir
23/09/2004 14:37   <REP>      .
23/09/2004 14:37   <REP>      ..
25/09/2004 23:59              autoback001.zip
...
```

Il est possible d'utiliser les caractères génériques « * » et « ? » pour affiner la recherche.

Paramètres

/A:val Affichage selon attributs :

      A Affichage des noms des fichiers qui seront archivés lors de la prochaine sauvegarde.

      D Affichage des noms des répertoires.

      H Affichage des noms des fichiers cachés.

      R Affichage des noms des fichiers en lecture seulement.

      S Affichage des noms des fichiers système.

/B   Affichage des noms en utilisant un format abrégé où le nom est affiché, mais pas la taille ni aucune autre information.

/D   Affichage des noms, sans aucune autre information, sur plusieurs colonnes, en triant chaque colonne.

/L   Affichage de tous les noms en lettres minuscules.

/N   Affichage des noms de fichiers à droite. C'est l'option par défaut sur Windows 2000 et XP.

/O   Affichage des fichiers selon un tri spécifié :

   D   Trie par date et heure (le plus récent d'abord).

   E   Trie suivant l'ordre alphabétique des extensions.

   G   Trie d'abord les répertoires, puis les fichiers.

   N   Trie les fichiers par ordre alphabétique.

   S   Trie les fichiers par grandeur (le plus petit d'abord);

   -   Inverse les résultats.

/W   Affichage des noms, sans aucune autre information, sur plusieurs colonnes.

/S   Affichage de tous les sous-répertoires. Lorsqu'on lance cette commande depuis la racine du disque dur, c'est le contenu entier de la partition qui est affiché. Ceci permet, si on lance l'impression (*dir > prn*) d'obtenir le texte imprimé de tous les fichiers du disque.

/X   Affichage des noms tels qu'ils apparaissent (ou apparaîtraient) sur un système ne supportant pas les noms de fichiers longs.

/P   Pause l'affichage de la sortie en invitant l'utilisateur à appuyer sur une touche pour continuer.

Exemples

   C:\> dir *.*

Affiche la liste de tous les fichiers présents à la racine du disque C:.

```
C:\> dir t*.exe /s
```

Affiche la liste de tous les fichiers du disque C: portant l'extension *.exe* et dont la première lettre du nom est un « t ».

```
C:\> dir *.txt /w
```

Affiche, en utilisant si nécessaire plusieurs colonnes, la liste de tous les fichiers portant l'extension *.txt* présents à la racine du disque dur.

```
C:\essais> dir /W
Le volume dans le lecteur C n'a pas de nom.
```

[.] [..]	appelant.bat	archiveMai2004.inf	backusb.bat
debut.txt	double.bat	essais.txt	exemple.txt
listattr.bat	octets.bat	other.txt test.bat	test.txt

```
        12 fichier(s)  1 546 octets
        2 Rép(s) 1 496 098 304 octets libres
```

Le répertoire essais contient 12 fichiers, que nous allons utiliser pour illustrer quelques options de tri acceptées par le paramètre */O*.

```
C:\essais> dir /O:S
    90    exemple.txt
    90    archiveMai2004.inf
    110   octets.bat
    210   listattr.bat
    580   appelant.bat
    1280 test.bat
    1780 double.bat
    2240 backusb.bat
    2240 other.txt
    2260 essais.txt
    2260 test.txt
    3320 debut.txt
```

Les fichiers sont triés (paramètres /O) par taille (option S). Lorsque deux fichiers ont la même taille (tels *essais.txt* et *test.txt*), ils sont triés, par défaut, par ordre alphabétique.

C:\essais> dir /O:ES

    110   octets.bat
    210   listattr.bat
    90 archiveMai2004.inf

Les fichiers sont triés en fonction de leurs extensions (option /E) : d'abord les fichiers .bat, puis .inf, puis enfin .txt) et ensuite en fonction de leur taille (option /S).

Notez qu'il est également possible d'utiliser la commande dir pour retrouver rapidement un fichier sur le disque dur. Il suffit alors de se placer à la racine du disque dur (par exemple C:) et de demander à afficher les fichiers de tous les sous-répertoires (paramètres /S) correspondant aux critères spécifiés.

Par exemple, pour trouver tous les fichiers cachés dont le nom commencent par les lettres « win » :

C:\> dir win* /A:H /S

```
Invite de commandes                                              _ □ ×
04/10/2001  11:23            921 088 comctl32.dll
                 1 fichier(s)        921 088 octets

 Répertoire de C:\WINDOWS\WinSxS\x86_Microsoft.Windows.CPlusPlusRuntime_6595b641
44ccf1df_7.0.0.0_x-ww_2726e76a

02/11/2004  08:05    <REP>          .
02/11/2004  08:05    <REP>          ..
04/10/2001  11:23             50 688 msvcirt.dll
04/10/2001  11:23            322 560 msvcrt.dll
                 2 fichier(s)        373 248 octets

 Répertoire de C:\WINDOWS\WinSxS\x86_Microsoft.Windows.GdiPlus_6595b64144ccf1df_
1.0.0.0_x-ww_8d353f13

02/11/2004  08:05    <REP>          .
02/11/2004  08:05    <REP>          ..
04/10/2001  11:23          1 700 352 GdiPlus.dll
                 1 fichier(s)      1 700 352 octets

    Total des fichiers listés :
         12068 fichier(s)    1 788 939 707 octets
          2883 Rép(s)   2 496 098 304 octets libres

C:\>
```

La commande *dir /s* trouve ici plus de 12 000 fichiers et près de 3 000 répertoires sur l'ensemble de la partition.

- Par défaut cette commande n'affiche pas les fichiers cachés ni les commandes internes du DOS.

- Si on désire trier la sortie de la commande dir, on peut soit utiliser le paramètre /O, soit rediriger la sortie vers la commande sort.

- Si on désire obtenir une pause de la sortie, on peut soit utiliser le paramètre /P, soit rediriger la sortie vers la commande *more*.

- Lorsqu'on appelle cette commande depuis n'importe quel répertoire autre que le répertoire racine, on voit toujours apparaître deux « faux » répertoires (« . » et « .. » qui, comme nous l'avons déjà vu, indiquent respectivement le répertoire courant et le répertoire précédent).

- Lorsqu'on utilise l'option /A:, on peut spécifier plusieurs paramètres simultanément.

- Nous avons vu que le comportement des caractères génériques différait quelque peu suivant les versions du DOS avec lesquelles on travaille. Il ne faut pas oublier d'en tenir compte lorsqu'on les utilise avec la commande *dir*.

- La commande *dir*, comme toutes les commandes DOS, accepte aussi bien les paramètres transmis en majuscules ou en minuscules.

doskey

Windows 2000/XP, Windows 95/98, DOS 6

Syntaxe

doskey [paramètres]

doskey macro = commande DOS

Description

La commande *doskey* est une commande assez particulière et très puissante. Elle permet, notamment, de définir ce qu'on appelle des

« macros ». D'autres fonctions sont également disponibles, tels un historique des dernières commandes utilisées ou la possibilité de récupérer des commandes dans cet historique. Sur le DOS 6, par exemple, il n'était pas possible d'utiliser les flèches du clavier pour récupérer les dernières commandes sans lancer préalablement la commande *doskey* (sur les DOS de Windows 2000 et de Windows XP, cette fonctionnalité est toujours activée).

Grâce à l'historique des commandes qu'elle conserve, la commande doskey réserve bien d'autres surprises : la touche ‹F8›, par exemple, va automatiquement compléter la ligne d'après les premiers caractères entrés (et s'il existe plusieurs commandes dans l'historique, vous pouvez les passer toutes en revue en appuyant à nouveau sur ‹F8›). Il s'agit là d'une fonction qui fait gagner beaucoup de temps.

Paramètres

/reinstall	Relance *doskey* (c'est pratique si vous avez tellement modifié les paramètres que vous ne vous y retrouver plus).
/listsize=size	Définit la taille à allouer pour l'historique des commandes.
/macros	Affiche la liste de toutes les macros définies.
/macros:all	Affiche la liste de toutes les macros définies ainsi que du fichier exécutable auxquelles elles sont attachées.
/macro:exe	Affiche la liste de toutes les macros attachées à un fichier exécutable bien précis.
/history	Affiche la liste des dernières commandes DOS entrées à l'invite.
/macrofile=nom	Transmet le nom d'un fichier contenant différentes macros à définir.

Lors de la définition de macros pour *doskey*, certains paramètres jouent un rôle particulier :

▸ *$T* est le séparateur de commandes. Il permet d'enchaîner plusieurs commandes DOS dans une seule macro.

▸ *$1 – $9* représentent les paramètres, tout comme *%1* à *%9* représentent les paramètres dans les fichiers batch.

▸ *$** insère tout ce qui suit le nom de la macro dans la commande appelée, ce qui est pratique pour transmettre des paramètres aux commandes.

Exemples

```
C:\> doskey ds = dir /S
```

Dorénavant, quand vous entrerez « ds » à l'invite, le système affichera le contenu du répertoire courant et de tous ses sous-répertoires.

```
C:\> doskey test = dir $t vol $t mem
```

En utilisant le paramètre *$t*, on enchaîne différentes commandes dans la macro nommée *test*.

■ Si vous utilisez de nombreuses macros, vous avez tout intérêt à placer ces dernières dans un fichier batch que vous ferez exécuter à chaque fois que vous ouvrez le DOS ou dans un fichier de macro que vous communiquerez à doskey à l'aide du paramètres /macrofile.

■ Certaines touches jouent un rôle particulier avec *doskey* :

⟨ALT⟩+⟨F7⟩   efface l'historique des commandes ;

⟨ESC⟩   efface la ligne en cours ;

⟨F9⟩   permet de relancer une commande d'après sa position dans l'historique.

Notez que si vous faites quelques essais avec *doskey* puis obtenez des résultats concluants, vous pouvez sauvegarder facilement vos macros en utilisant le DOS. Par exemple, pour placer vos macros dans un fichier *.txt*, vous pouvez utiliser la commande suivante :

```
C:essais>  doskey  /macros  >  mesmacros.txt
```

La sortie de la commande *doskey* est redirigée vers un fichier nommé *mesmacros.txt*.

Enfin, vous devez être prudent car la commande *doskey* est une des rares commandes DOS qui permet de modifier le fonctionnement des commandes internes. Si tout d'un coup une commande ne répond plus normalement, songez à la présence d'éventuelles macros créés par *doskey* et utilisez, éventuellement, la commande *doskey /reinstall*.

echo

Windows 2000/XP, Windows 95/98, DOS 6

Syntaxe

```
echo message
echo [on | off]
```

Description

Cette commande supprime (*off*) ou restitue (*on*) l'affichage des lignes de commandes d'un fichier batch. Lorsque cette commande est désactivée, seuls les messages transmis à la commande *echo* sont affichés.

Paramètres

on   Active l'affichage des commandes.

off   Désactive l'affichage des commandes.

Exemple

```
C:\>  echo REM programme ne faisant rien > test.bat
C:\>  more test.bat
REM programme ne faisant rien
```

La commande *echo* affiche un message sur la sortie standard. Celle-ci est redirigée vers le fichier test.txt qui reçoit donc le texte.

```
C:\>  test.bat
REM programme ne faisant rien
```

En exécutant le programme que nous venons de créer à l'aide de la commande *echo*, il ne se passe rien si ce n'est que la ligne de commentaire du programme est affichée à l'écran alors que ce n'est pas le but désiré.

En faisant précéder cette ligne de la ligne *echo off*, la ligne de commentaire n'apparaît pas.

- Dans un fichier batch, pour éviter que la commande *echo* elle-même n'apparaisse, on doit la faire précéder du caractère « @ ».

- Il est possible d'entrer la commande *echo* suivie d'un message directement à l'invite du DOS sans rediriger la sortie, mais cela ne présente pas de grand intérêt.

erase

Windows 2000/XP, Windows 95/98, DOS 6

Syntaxe

```
erase [paramètres] fichier(s)
```

Description

La commande *erase* permet de supprimer un ou plusieurs fichiers. Lorsque des caractères génériques sont utilisés pour spécifier plusieurs fichiers, la commande *erase* demande une confirmation à moins que vous n'utilisiez le paramètre /Q.

Paramètres

/P   Demande une confirmation avant de supprimer un fichier.

/F   Force la suppression d'un fichier, même si celui-ci est en lecture seule.

/S   Supprime récursivement tous les fichiers dans les sous-répertoires.

/Q   N'affiche pas de demande de confirmation lors de l'effacement de plusieurs fichiers spécifiés à l'aide de caractères génériques.

/A:[RHSA]   Ne supprime que les fichiers dont les attributs correspondent à ceux précisés après le paramètre /A.

Exemple

```
C:\essais> erase  test.txt
```

Le fichier *test.txt* est effacé.

- La commande *erase* est presque identique à la commande *del* mais il existe une différence majeure entre elles : sur les systèmes de fichiers de type FAT, les fichiers effacés par *del* conservent toujours une entrée dans la table d'allocation des fichiers (dont la première lettre est supprimée). Les fichiers effacés par *del* peuvent donc généralement être récupérés tant qu'on n'a pas trop fait de modification sur le disque. La commande *erase*, par contre, supprime totalement les informations de la table d'allocation. Dès lors, seul un utilitaire spécialisé peut espérer retrouver des fichiers effacés par la commande *erase*.

- La commande *del* est plus rapide à taper à l'invite que *erase* tandis que *erase* est légèrement plus lisible dans les fichiers batch. Il est donc courant d'utiliser *del* manuellement, et *erase* dans les scripts.

exit

Windows 2000/XP, Windows 95/98

Syntaxe

exit [/B] [code]

Description

Cette commande termine le DOS en cours d'exécution. L'effet obtenu diffère suivant le DOS sous lequel on se trouve. Par exemple, si on ouvre une fenêtre DOS sous Windows (toutes versions confondues) puis qu'on appelle la commande *exit*, la fenêtre DOS se ferme aussitôt. Mais on peut également utiliser cette commande depuis un fichier batch en demandant de stopper l'exécution du script, tout en restant dans le DOS. De même, il est possible de lancer plusieurs DOS imbriqués (par exemple en appelant la commande *cmd*) : la commande *exit* quitte alors le dernier DOS lancé.

Paramètre

/B   demande à la commande exit de quitter le fichier batch en cours mais pas le DOS appelant.

Exemples

C:\Documents and Settings\Jean> exit

Sur un système équipé de Windows (comme le laisse supposer le nom du répertoire indiqué à l'invite), la commande exit a pour effet de fermer la fenêtre DOS.

```
C:\> cmd
Windows XP [version 5.1.2600]
...
C:\> exit
C:\>
```

Dans une fenêtre DOS sous Windows XP, on lance un deuxième DOS à l'aide de la commande *cmd*. On se retrouve alors dans un DOS imbriqué à l'intérieur de la fenêtre DOS. La commande exit a donc pour effet de quitter ce deuxième DOS et on se retrouve devant l'invite du premier DOS.

```
C:\>  more test.bat
@echo off
REM programme utilisant la commande exit exit /b echo cette ligne n'appa-
raît pas
C:\>  test
C:\>
```

Le fichier batch *test.bat* contient la commande *exit /b*. L'exécution se termine donc sans effectuer la dernière commande *echo*. Puisque le paramètre */b* est précisé, la fenêtre DOS n'est pas fermée et on se retrouve donc devant l'invite.

expand

Windows 2000/XP, Windows 95/98

Syntaxe

```
expand [paramètres] fichier(s) source [fichier(s) destination(s)]
expand fichier.cab [-F:fichier(s)] [fichier(s) destination]
```

Description

Cette commande, notamment utilisée par les programmes d'installation du DOS et de Windows, décompresse des fichiers archivés et compressés. Pour ce faire, la commande décompresse le contenu du ou des fichiers source et les place dans le répertoire de destination.

Paramètres

-r   Renomme le fichier décompressé sous un autre nom que celui qu'il se serait vu attribué automatiquement.

-F:fichiers   Permet de spécifier quels sont les fichiers en provenance d'un fichier *.cab* qu'on désire extraire (les fichiers *.cab* sont des fichiers d'archives de Windows).

Exemples

    C:\> expand d:\i386\mmsystem.dl_ c:\windows\system32\mmsystem.dll

Le fichier *mmsystem.dll* est décompressé depuis le fichier nommé *mmsystem.dl_* vers le répertoire *C:\windows\system32*.

    C:\essais\test\> expand driversnd.cab

Tous les fichiers contenus dans l'archive nommée *driversnd.cab* sont décompressés dans le répertoire courant (*\essais\test*).

fc

Windows 2000/XP, Windows 95/98, DOS

Syntaxe

    fc [paramètres] fichier1 fichier2

Description

La commande *fc* permet de comparer deux fichiers, afin d'en faire ressortir les différences. Cette commande est utile pour déterminer, par exemple, quelles ont été les dernières modifications apportées à un fichier.

Cette commande est généralement utilisée pour comparer des fichiers contenant du texte mais elle peut également servir à déterminer si deux fichiers binaires sont semblables ou non.

La commande *fc* ne s'arrête pas à la première différence trouvée. Il s'agit, bien au contraire, d'une comparaison relativement intelligente. Tant que les fichiers ont suffisamment de similitudes, la comparaison continue. Au début, les deux fichiers sont considérés comme « synchronisés » et ils le restent tant que les informations qu'ils contiennent sont égales. Ensuite, si la commande *fc* trouve une différence, les fichiers sont considérés « désynchronisés ». Cette désynchronisation n'est toutefois pas toujours définitive : si après cette différence suffisamment de lignes des deux fichiers sont à nouveau identiques, les fichiers sont considérés comme à nouveau synchronisés.

Paramètres

/A   Abrège l'affichage pour la comparaison de fichiers ASCII.

/B   Option par défaut pour les fichiers au format binaire (par exemple *.bin, .com, .exe, .dll, .obj, .sys*).

/C   Ne tient pas compte des différences entre les majuscules et les minuscules.

/L   Option à utiliser pour comparer des fichiers contenant du texte.

/LBn   Définit la taille maximale du tampon à utiliser pour conserver les lignes qui diffèrent (si plus de *n* lignes diffèrent, la commande *fc* arrête la comparaison).

/N   Affiche également le numéro de ligne (pour les comparaisons de fichiers contenant du texte).

/T   Compare les fichiers textes en évaluant les caractères ASCII de tabulation comme tels (et non comme des espaces).

/U   Compare des fichiers textes au format Unicode (cette option n'est pas disponible sous DOS 6 et précédents).

/W   Ignore les espaces, les caractères de tabulation et les lignes blanches.

/n   Définit le nombre de lignes devant correspondre pour que le programme considère que les deux fichiers sont à nouveau synchronisés.

Exemples

```
C:\essais>  copy  other.txt  exemple.txt
C:\essais>  fc  other.txt  exemple.txt
Comparaison des fichiers other.txt et EXEMPLE.TXT
FC : aucune différence trouvée

...

C:\>
```

Il s'agit d'un cas très simple : les deux fichiers sont identiques (forcément, puisque nous avons préalablement copié le fichier *other.txt* sous le nom *exemple.txt*) et la commande *fc* indique donc qu'aucune différence n'a été trouvée.

Notez que ce message de sortie peut être intéressant : en le redirigeant dans un fichier, puis en l'analysant, il est possible de créer des fichiers batch dont l'exécution dépend du résultat de la commande *fc* (et, donc, des similitudes entre différents fichiers).

```
C:\WINDOWS> fc winhelp.exe twain.dll
00000002: 79 8E
00000003: 00 01
00000004: 1B 01

...

00001E85: 1D FA
00001E86: 51 AA
00001E87: 04 75

...
```

Lorsque la taille des fichiers est relativement grande et qu'il existe quelques différences entre deux fichiers, la commande *fc* affiche les différences, précédées du numéro de chaque ligne différant dans chaque fichier.

Lorsqu'on compare deux fichiers binaires différents : la commande *fc* indique toutes les différences. La première colonne représente l'index des octets qui diffèrent (au format hexadécimal). On peut constater que dès le deuxième octet, les fichiers sont différents (79 pour le premier fichier, 8E pour le second). Les deux colonnes suivantes montrent respectivement l'octet se trouvant à l'index spécifié dans le premier fichier (79), puis dans le second (8E).

La commande ne s'arrêtera qu'arrivée à la fin de l'un des deux fichiers, à moins que vous n'utilisiez le raccourci clavier <CTRL>+<C>.

- Lorsque la commande *fc* compare des fichiers binaires, aucune tentative de resynchronisation n'est effectuée.
- Par défaut, la commande fc s'arrête si plus de dix différences sont trouvées entre les deux fichiers.
- La commande *fc* ne supporte pas les caractères génériques. Dans certains cas, la commande *comp* peut avantageusement remplacer la commande *fc*.

fdisk

Windows 95/98, DOS 6

Syntaxe

fdisk

Description

La commande *fdisk* permet de manipuler la table des partitions du disque dur. Elle est particulière puisqu'elle fonctionne par « menus » : il n'y a donc pas de paramètres à entrer.

Cette commande n'est plus fournie, par défaut, ni avec Windows 2000 ni avec Windows XP.

Remarquez que la commande *fdisk* gère les disques durs de très grande taille mais n'affiche pas toujours correctement les informations concernant les partitions de très grandes tailles.

Si vous désirez malgré tout utiliser cette commande pour modifier le partitionnement de votre disque dur, vous avez plusieurs options :

▶ vous pouvez télécharger cette commande (gratuitement) depuis le site de Microsoft, puis démarrer le PC depuis une disquette ou un CD-Rom bootable ;

▶ vous pouvez utiliser une disquette de démarrage de Windows 98 (voir page 23) ;

▶ vous pouvez utiliser un autre système d'exploitation offrant cette commande (il existe ainsi certaines versions de Linux, telle Knoppix, qui tiennent sur un CD-Rom bootable et qui proposent la commande *fdisk*).

■ Nous avons vu la commande DOS *fdisk* en détail au troisième chapitre (voir page 23).

■ Lors de l'installation de Windows 2000 ou de Windows XP, le système vous offrira la possibilité de transformer les partitions de type FAT en partition de type NTFS.

find

Windows 2000/XP, Windows 95/98, DOS

Syntaxe

```
find [paramètres]  "chaîne"  fichier(s)
```

Description

Le paramètre *chaîne* représente la chaîne de caractères à rechercher dans le ou les fichiers spécifiés.

Paramètres

/C   Ce paramètre force la commande *find* à compter les lignes qui contiennent la chaîne de caractères ou encore (si le paramètre /V est utilisé) celles dont elle est absente

/N   Ce paramètre commande l'affichage des lignes contenant (ou ne contenant pas) la chaîne de caractères en les précédant d'un numéro.

/V   Ce paramètre inverse les résultats de la recherche en ne conservant que les lignes où la chaîne de caractères n'apparaît pas.

Exemples

C:\Documents and Settings\Jean\essais> find "programme" backusb.bat

———— BACKUSB.BAT

REM programme qui effectue un backup sur un support USB

La commande *find* trouve une ligne du fichier *backusb.bat* contenant la chaîne de caractères « programme ».

C:\Documents and Settings\Jean\essais> find /N "programme" backusb.bat

———— BACKUSB.BAT

[2]REM programme qui effectue un backup sur un support USB

La paramètre /N permet de constater que la deuxième ligne du fichier batch contient la chaîne « programme ».

C:\Documents and Settings\Jean\essais> find /V "programme" backusb.bat

———— BACKUSB.BAT

@echo off

REM en demandant tout d'abord de placer ce support dans l'ordinateur
echo "Placez le support USB dans l'ordinateur et appuyez sur une touche"
pause > nul

...

En utilisant le paramètre /V, on force la commande find à inverser le résultat de la recherche : toutes les lignes, sauf la deuxième, sont alors affichées.

Notez qu'il est important de bien inclure la chaîne à rechercher entre des guillemets, autrement le système envoie un message d'erreur :

```
C:\essais>  find  /V exemple test.txt
FIND : format incorrect de paramètre
```

for

Windows 2000/XP, Windows 95/98, DOS 6

Syntaxe

```
for %variable in (liste) do commande [paramètres]
```

Description

La commande *for* (... *in* ... *do* ...) permet d'automatiser une tâche en appliquant une même commande à un ensemble de fichiers. Il s'agit d'une commande très pratique à utiliser dans les fichiers batch.

La commande est alors appliquée à tous les éléments de la liste (ces éléments sont situés entre parenthèses). Par exemple, on peut demander à copier tous les fichiers portant les extensions *.tst* et également tous ceux portant l'extension *.nfo* dans le répertoire *essais* du disque C:, en vérifiant la copie. La variable *%variable* est un paramètre choisi par l'utilisateur, par exemple D. La liste est composée des éléments à traiter, c'est-à-dire *.tst* et *.nfo*. Pour le moment, cela nous donne ceci :

```
FOR %%A IN (*.TST *.NFO) ...
```

La variable *%%A* va changer plusieurs fois de valeurs : elle prendra tout d'abord le nom de tous les fichiers portant l'extension *.txt*, puis celui de tous les fichiers portant l'extension *.nfo*.

On définit ensuite la commande qu'on désire appliquer à tous les fichiers. Pour copier vers le répertoire *essais* du disque C:, en n'oubliant pas de vérifier (paramètre /V de la commande *copy*), on ajoute :

```
... DO COPY %%A C:\ESSAIS /V
```

Voici donc la ligne de commande :

```
FOR %%A IN (*.TST *.NFO) DO COPY %%A C:\ESSAIS /V
```

Elle n'est, à première vue, pas très lisible. Cependant, elle est destinée à être placée dans un fichier batch et peut donc être précédée de commentaires expliquant son rôle.

▸ La variable est représentée par un et un seul caractère. On utilise généralement une lettre à cet effet (de « a » à « z ») mais les chiffres sont également reconnus.

▸ Lorsqu'on lance une commande for depuis un fichier batch, il faut utiliser deux fois le caractère « % » avant le nom de la variable (par exemple « %%A »).

▸ Les commandes *for* ne peuvent être imbriquées les unes dans les autres. Par exemple, la commande *for* suivante est interdite :

```
FOR %%Z IN (ensemble) DO FOR %%Y IN...
```

▸ Les symboles de redirection « ‹ », « › » et « ›› » ne fonctionnent pas systématiquement. Ainsi :

```
FOR %%A IN (*.*) DO TYPE %%A > log.txt
```

est une commande valable, qui crée un nouveau fichier *log.txt* mais :

```
FOR %%A IN (*.*) DO SORT < %%A >> log.txt
```

ne donnera aucun résultat !

La commande *for* a été améliorée sous Windows 2000 et XP. Si vous comptez l'utiliser dans vos fichiers batch, nous vous conseillons vivement de vous reporter à l'aide fournie par le paramètre /? :

```
C:\>  for /?
```

Exemple

```
C:\essais>  FOR %A IN (*.TXT) DO TYPE %A
```

Le contenu de tous les fichiers portant l'extension *.txt* est automatiquement affiché à l'écran. Notez que la commande *for* est utilisée ici, à titre d'exemple, en mode interactif.

```
C:\essais>  find /I "for" *.bat

...

– APPELANT.BAT

FOR %%A IN (*.txt) DO call listattr.bat %%A
```

La commande *find* permet ici de trouver tous les fichiers batch du répertoire courant (*essais*) contenant la chaîne de caractères « for » (ou « FOR » puisque le paramètre */I* est utilisé). Le fichier batch *appelant.bat* contient une boucle for effectuant un appel du fichier batch *listattr.bat* sur tous les fichiers portant l'extension *.txt*.

- Les caractères « %% » servent uniquement à indiquer au DOS qu'il s'agit d'une variable et à identifier celle-ci. Il faut faire attention de ne pas utiliser qu'un seul « % », auquel cas le DOS essaye de passer un paramètre et la commande for n'a pas alors l'effet désiré.

- Pour les paramètres transmis à la commande *for*, le DOS fait une distinction entre les variables entrées en majuscules et celles entrées en minuscules : %%F et %%f ne sont pas identiques pour la commande *for*.

- Il n'est pas possible d'imbriquer plusieurs commandes *for* sur une seule ligne de commande. On peut cependant contourner cette limitation, si nécessaire, en incluant spécifiquement un appel au DOS (par exemple *cmd* ou *command*) ou, plus simplement, en appelant un autre fichier batch comprenant, lui aussi, une boucle *for*. La première boucle *for* appelle alors pour chaque élément de la liste un autre programme (tel un fichier batch) et si ce fichier batch contient lui aussi une commande *for*, on obtient bel et bien l'effet désiré : l'imbrication de multiples commandes *for*.

format

Windows 2000/XP, Windows 95/98, DOS 6

Syntaxe

format lecteur [paramètres]

Description

Cette commande permet de formater (c'est-à-dire de préparer) un disque afin qu'il puisse recevoir des données.

Paramètres

/V:nom   Spécifie le nouveau nom à donner au lecteur.

/C   Compresse les fichiers (option uniquement disponible sur les partitions de type NTFS).

/S   Copie les fichiers système sur le disque après l'avoir formaté (uniquement sous DOS 6, Windows 95 et Windows 98).

Exemples

C:\> format a:

On formate la disquette présente dans le lecteur.

C:\> format a: /s

Sous DOS 6, Windows 95 et Windows 98, cette commande formate la disquette et y place les fichiers système. Cette disquette permet alors, en redémarrant l'ordinateur, d'accéder à un DOS minuscule (mais fonctionnel).

- Pour pouvoir utiliser la commande *format* sur les partitions d'un disque dur, il faut que celles-ci soient correctement définies (par exemple à l'aide de la commande *fdisk*).

- Pour préparer une disquette bootable, il faut donc se servir d'une ancienne version du DOS, tel le DOS de Windows 98.

ftype

Windows 2000/XP

Syntaxe

ftype

ftype type de fichier=commande

Description

La commande *ftype*, sans argument, affiche la liste de toutes les commandes associées aux différents types de fichiers.

En passant un type de fichier et une commande en argument, on associe la commande au type de fichier.

Exemples

```
C:\> assoc .sh=BashScript
C:\> ftype BashScript=bash.exe %1 %*
```

Les fichiers portant l'extension *.sh* sont à présent considérés comme des fichiers de type *BashScript* et seront automatiquement invoqués à l'aide de l'hypothétique commande *bash.exe*. Dans la pratique, vous utiliserez cette commande pour associer une extension à un programme que vous utilisez régulièrement.

```
C:\> ftype | find "firefox" /I
ftp=C:\PROGRA~1\MOZILL~1\FIREFOX.exe -url "%1"
http=C:\PROGRA~1\MOZILL~1\FIREFOX.exe -url "%1"
https=C:\PROGRA~1\MOZILL~1\FIREFOX.exe -url "%1~~
...
```

Le navigateur Web Firefox est installé sur le système : on peut constater que les fichiers de type *ftp, http* et *https* sont associés à ce navigateur.

Voir assoc (page 162)

goto

Windows 2000/XP, Windows 95/98, DOS 6

Syntaxe

goto label

Description

La commande *goto* est particulière puisqu'elle s'utilise uniquement dans les fichiers batch. Cette commande permet d'effectuer un branchement au *label* spécifié en argument.

Le sixième chapitre – *Les fichiers batch* – (voir page 125) contient plusieurs exemples d'utilisation de la commande goto dans des fichiers batch.

Pour que la commande *goto* trouve le *label*, il faut que celui-ci soit précédé, dans le fichier batch, du caractère « : ».

Paramètre

label   Le label auquel le branchement doit être effectué.

Exemples

```
C:\essais>  more testgoto.bat
@echo off
REM exemple d'utilisation de la commande goto
REM ctrl-c permet d'interrompre ce programme
:debut date /T time /T goto debut
C:\essais>  testgoto
16/10/2004
10:30
16/10/2004
10:30
16/10/2004
```

```
10:31
...
Terminer le programme de commandes (O/N) ? O
```

Ce programme affiche l'heure sans cesse. En effet, après avoir donné la date (*date /T*) puis l'heure (*time /T*), le programme effectue un branchement vers le label nommé « debut ». Celui-ci se trouve avant les deux commandes date et time, et le programme tourne donc sans plus jamais s'arrêter. Vous pouvez l'interrompre en appuyant sur le raccourci clavier <CTRL>+<C>.

- Le saut peut aussi bien s'effectuer vers un label se trouvant avant ou après la commande *goto*.
- On peut utiliser le symbole « % » de remplacement de variable ou les symboles « %% » dans la commande *goto* (par exemple *goto %nom*) mais pas dans le nom du *label* (par exemple *:%label* n'est pas correct).

help

Windows 2000/XP, Windows 95/98, DOS 6

Syntaxe

```
help
help commande
```

Description

La commande *help* donne des informations à propos des commandes DOS installées.

Sans aucun argument, la commande *help* affiche la liste des commandes connues par le DOS. Lorsqu'on passe le nom d'une commande en argument, la commande help affiche l'aide relative à cette commande.

Paramètre

commande   Le nom de la commande à propos de laquelle on désire consulter l'aide.

Exemples

```
C:\> help vol
Affiche le nom et le numéro de série du volume, s'ils existent.
VOL [lecteur:]
```

La commande *help* affiche l'aide concernant la commande *vol*.

```
C:\> help help
Fournit des informations d'aide sur les commandes.
HELP [commande]
```

La commande *help* affiche sa propre aide.

Notez que la plupart des commandes DOS acceptent le paramètre /?, qui fournit également l'aide concernant la commande. Par exemple :

```
c:\> vol /?
```

hostname

Windows 2000/XP

Syntaxe

```
hostname
```

Description

La commande *hostname*, disponible à partir de Windows 2000, affiche le nom de l'hôte (c'est-à-dire de l'ordinateur) sur la sortie standard.

Cette commande n'accepte aucun paramètre.

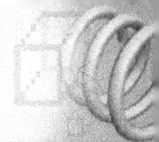

Exemple

```
C:\>  hostname

lutrinoo
```

La machine s'appelle ici lutrinoo.

- Cette commande ne fonctionne que si le protocole TCP/IP est installé sur la machine pour au moins un des adaptateur réseau.
- Dans un fichier batch, on peut rediriger la sortie de cette commande vers un fichier (par exemple au début d'un fichier de log) pour obtenir des informations intéressantes. Par exemple :

  Fichier de log concernant la procédure de sauvegarde du sam.

  04/12/2004 de la machine lutrinoo : 112 fichiers ont été archivés

  ...

if

Windows 2000/XP, Windows 95/98, DOS 6

Syntaxe

```
if [NOT] exist fichier commande

if [NOT] val1==val2

if [NOT] ERRORLEVEL n
```

Description

La commande *if,* à utiliser uniquement dans un fichier batch, exécute la commande spécifiée seulement si la condition spécifiée est réalisée. La condition à réaliser peut être de différents types :

- vérifier si un fichier existe ;
- comparer si deux valeurs sont identiques ;
- vérifier le code d'erreur renvoyé par certaines commandes (*xcopy, comp,* etc.).

De plus, si la commande *if* est suivie de l'instruction *not*, la validité de test est inversée : *if not fichier*, par exemple, n'exécutera la commande suivante que si le fichier passé en argument n'est pas présent.

Exemples

```
@echo off
REM Vérification
IF EXIST %1 GOTO OK
echo Le fichier "%1" n'existe pas
echo La suite du programme n'est donc pas exécutée
GOTO ERREUR
:OK
echo Le fichier "%1" existe
echo Appuyez sur une touche pour continuer l'opération
echo (ou sur ctrl-c pour annuler l'opération) pause > nul

...
:ERREUR

...
```

L'administrateur lance un script utilisant la commande *if*.

Dans ce fichier batch partiel, on vérifie si le fichier passé en paramètre existe ou non. S'il existe, on passe au label nommé « ok » tandis que, s'il n'existe pas, on affiche un message puis on passe au label nommé « erreur ».

Sur la capture d'écran à la page précédente, on peut voir que l'administrateur tente d'utiliser le fichier batch *partiel.bat* en lui donnant l'argument *ancient.txt*. Ce fichier n'existant pas, le fichier batch affiche les sorties de deux commandes *echo* puis passe au label *erreur*. Ensuite, ce même fichier batch est lancé à nouveau, en passant le nom d'un fichier existant : le fichier batch passe donc au label *ok* qui affiche un message demandant une confirmation avant de poursuivre son exécution. Ce qui se produit ensuite n'est pas déterminé : il s'agit ici seulement d'un fichier batch partiel expliquant comment fonctionne la commande *if*.

- La commande *if*, contrairement à la commande *for*, ne fait pas de différence entre les majuscules et les minuscules.

- Si, dans une chaîne de caractères, la condition à tester peut être vide, il est indispensable de placer un caractère de part et d'autre du signe « == » (la commande *if == goto label* n'étant pas valide). Par exemple :

      IF !==%1! GOTO ok

- Si une commande du DOS renvoie un code d'erreur, il est stocké dans une variable appelée *errorlevel*. Cette variable peut ensuite être utilisée dans un fichier batch. La valeur o (zéro) indique que le programme s'est déroulé parfaitement tandis que les autres valeurs varient en fonction de la commande. Notez que la condition *if* est considérée comme vraie si la valeur renvoyée est égale ou supérieure au nombre renvoyé.

ipconfig

Windows 2000/XP, Windows 95/98

Syntaxe

La commande *ipconfig* donne les informations de configuration de l'adresse IP de la machine.

Le cinquième chapitre – Le DOS et Internet – explique comment utiliser cette commande pour diagnostiquer d'éventuels problèmes de connexion.

Exemples

```
C:\>  ipconfig
Configuration IP de Windows
Carte Ethernet Connexion au réseau local    :
    Suffixe DNS propre à la connexion        :
    Adresse IP                               :    192.168.0.17
    Masque de sous-réseau                    :    255.255.255.0
    Passerelle par défaut                    :    192.168.0.1
```

La commande *ipconfig* nous informe ici que l'adresse IP de l'ordinateur est 192.168.0.17 et qu'il utilise la passerelle située à l'adresse 192.168.0.1 pour accéder à Internet.

```
C:\>  ipconfig  |  find  "Adresse"
    Adresse IP   : 192.168.0.17
```

En redirigeant la sortie de la commande ipconfig vers la commande *find*, on obtient une seule information : l'adresse IP de la machine.

label

Windows 2000/XP, Windows 95/98, DOS 6

Syntaxe

label

label [/MP] volume nom

Description

La commande *label* permet de modifier ou de supprimer le nom de volume d'un disque.

Sans aucun argument, c'est le nom du volume courant qui est modifié.

Paramètre

/MP   Spécifie si le volume est un point de montage (*Mount Point*) ou un nom de volume (ce paramètre n'est pas nécessaire si le nom du lecteur suivi du nom de volume est spécifié).

Exemples

C:\> label

Le volume dans le lecteur C: n'a pas de nom

Nom de volume (Entrée pour ne rien mettre) ?   principal

La commande *label* est ici lancée depuis le disque C:, sans aucun argument. La commande affiche alors le nom actuel du disque (il n'en a pas) et demande d'entrer un nouveau nom (ici nous nommons le disque « principal »).

C:\> label d:

Le volume dans le lecteur D: s'appelle datas

Nom de volume (Entrée pour ne rien mettre) ?   backup

La commande *label* est toujours exécutée depuis le disque C:, mais en précisant à présent que c'est le disque d: qu'on désire renommer (et on lui donne pour nom « backup »).

Voir aussi vol (p. 249)

mkdir

Windows 2000/XP, Windows 95/98, DOS 6

Syntaxe

mkdir [lecteur][chemin]répertoire

Description

Cette commande permet de créer un sous-répertoire. Si on ne spécifie pas de lecteur ni de chemin, le sous-répertoire est créé dans le répertoire courant.

Notez que si le chemin menant au répertoire n'est pas complet (c'est-à-dire si certains sous-répertoires apparaissant dans le chemin n'existent pas), la commande *mkdir* crée autant de sous-répertoires que nécessaire.

Paramètres

lecteur	Le lecteur sur lequel il faut créer le nouveau répertoire (par exemple C: ou D:).
chemin	Le chemin (absolu) d'accès au nouveau répertoire.
répertoire	Le nom du répertoire à créer.

Exemples

C:\essais> mkdir dossierTemp

On crée un sous-répertoire nommé *dossierTemp* dans le répertoire courant (c'est-à-dire dans le répertoire essais du disque C:).

C:\essais> dir d:\sauvegarde
Fichier introuvable

On constate qu'il n'y a pas de répertoire nommé *sauvegarde* sur le disque D:.

C:\essais> mkdir d:\sauvegarde\2004\juin

On crée un sous-répertoire nommé *juin* à l'emplacement *sauvegarde\2004* du disque D: (c'est-à-dire dans le sous-répertoire nommé 2004 du répertoire nommé *sauvegarde* du disque D:). Cependant, la commande *dir* nous avait informé que l'emplacement *sauvegarde* n'existait pas encore sur le disque D: (et, donc, le sous-répertoire *2004* ne peut forcément pas exister non plus !). La commande *mkdir* crée alors d'abord les répertoires *sauvegarde* puis *2004* avant de finalement créer le répertoire *juin*.

Notez que la commande *md* est strictement identique à la commande *mkdir*. Dès lors, on utilise généralement le raccourci *md* lorsqu'on entre une commande à l'invite et *mkdir* (dont l'intention est plus évidente) dans un fichier batch.

more

Windows 2000/XP, Windows 95/98, DOS 6

Syntaxe

more fichier(s)

commande | more

Description

La commande *more* permet d'afficher du texte, page par page si nécessaire. Cette commande est très souvent utilisée comme « filtre » pour la sortie d'une autre commande, en utilisant le caractère « | ».

Exemples

C:\essais\> more partiel.bat

@echo off

REM Programme qui montre comment utiliser la commande if

La commande *more* affiche le contenu du fichier dont le nom est passé en argument.

C:\essais\> find "REM" *.bat | more

REM Programme qui montre comment utiliser la commande if

REM ...

La commande *find* trouve ici toutes les lignes de tous les fichiers portant l'extension *.bat* contenant le texte « REM ». La commande *more* permet ensuite de stopper l'affichage après chaque page, donnant le temps à l'utilisateur de lire la sortie de la commande *find*.

- La barre d'espacement fait défiler le texte page par page, tandis que la touche ‹ENTRÉE› fait défiler le texte ligne par ligne.

- Lorsqu'il y a beaucoup de texte, la commande *more* affiche le pourcentage du texte déjà affiché.

- Le caractère « | », qui possède le code ASCII 124, peut s'obtenir en utilisant la combinaison de touches ‹alt› + ‹1›‹2›‹4› (en utilisant le clavier numérique).

La commande more est utilisée ici pour pauser la commande *more /?*.

net

Windows 2000/XP

Syntaxe

net   [accounts | computer | config | continue | file | group | help | helpmsg
         | localgroup | name | pause | print | send | session | share | start | statistics
         | stop | time | use | user | view] [paramètres]

Description

La commande *net*, disponible uniquement à partir de Windows 2000, est un utilitaire de configuration du réseau destiné aux administrateurs de systèmes Windows.

Il s'agit d'une commande complexe dont il serait impossible de décrire ici tous les détails : les nombreux paramètres acceptent tous toute une série d'arguments, influant directement sur la configuration de Windows.

Si vous désirez configurer votre système à l'aide de cette commande, vous devez savoir que la bonne syntaxe pour obtenir de l'aide est la suivante :

net paramètre /?

et non simplement :

net /?

Par exemple, pour obtenir de l'aide quant au paramètre *use* :

net use /?

Exemple

C:\Documents and Settings\Jean> net use * \\192.168.0.14\d$

L'utilisateur Jean assigne ici un nouveau lecteur. Ce lecteur virtuel correspond au lecteur D: de l'ordinateur ayant l'adresse IP 192.168.0.14.

C:\> net config workstation
Nom de l'ordinateur   \\JEAN

Nom complet de l'ordinateur   lutrinoo

Nom d'utilisateur   Jean

...

La commande *net config workstation* donne les informations de configuration du partage réseau de la machine (nom d'ordinateur, groupe de travail, nom de partage, etc.).

nslookup

Windows 2000/XP, Windows 95/98

Syntaxe

nslookup serveur

nslookup -

Description

La commande *nslookup* recherche les informations concernant les noms de domaines des serveurs Internet.

La façon la plus courante d'utiliser cette commande consiste à passer comme argument le nom d'un serveur dont on désire obtenir l'adresse IP ou inversement.

Il est également possible d'utiliser la commande *nslookup* en mode interactif, en passant comme argument le caractère « - » (en mode interactif, la commande *help* permet d'obtenir la liste des options existantes).

Paramètres

serveur   Ce nom du serveur dont on désire connaître l'adresse IP (ou inversement).

-      Un simple tiret en tant que paramètre indique à la commande *nslookup* de travailler en mode interactif.

Exemple

C:\> nslookup yahoo.fr

Serveur : dnspool.sampleisp.fr

Adresse: 192.21.18.20

Nom : yahoo.fr

Adresse: 217.12.3.11

```
ixfrver=X           - version à utiliser dans les requêtes de transfert IXFR
server NOM          - fixe le serveur par défaut en cours à NOM
lserver NOM         - fixe le serveur par défaut à NOM, avec le serveur initial
finger [UTIL]       - applique finger au NOM optionnel sur l'hôte actuel par défaut
root                - fait de la racine le serveur par défaut en cours
ls [opt] DOMAINE [> FIC] - liste les adresses de DOMAINE (option : vers le
                           fichier FIC)
    -a              - liste de noms canoniques et d'alias
    -d              - liste de tous les enregistrements
    -t TYPE         - liste des enregs. du type donné (ex. A,CNAME,MX,NS,PTR etc.)
view FICHIER        - trie un fichier 'ls' en sortie et l'affiche avec pg
exit                - quitte le programme

> domain=www.yahoo.fr
Serveur :  dnspool1
Address:  195.238.2

Réponse ne faisant pas autorité :
Nom :   rc1.vip.ukl.yahoo.com
Address:  217.12.6.29
Aliases:  domain=www.yahoo.fr

> exit

C:\Documents and Settings\John>
```

La commande *nslookup* en mode interactif.

path

Windows 2000/XP, Windows 95/98, DOS 6

Syntaxe

path chemin[;%PATH%]

path ;

Description

Cette commande d'environnement indique au système dans quel volume et dans quel sous-répertoire il doit chercher une commande externe. Pour ce faire, la commande path modifie le PATH (c'est-à-dire la variable d'environ-nement nommée « PATH »).

Utilisée sans arguments, cette commande affiche les différents chemins mémorisés.

Utilisée avec le point-virgule (« ; ») pour unique paramètre, cette comman-de annule tous les chemins.

Si vous créez des fichiers batch et que vous désirez qu'ils soient toujours accessibles, vous devez les placer dans un répertoire puis communiquer ce répertoire à la variable PATH.

Paramètre

chemin   Le chemin à ajouter à la variable PATH.

Exemples

```
C:\> path
PATH=C:\WINDOWS\system32;C:\WINDOWS
```

La commande *path* sans aucun argument affiche les répertoires dans lesquels le système va chercher les commandes exécutables.

```
C:\> path ;
C:\> path
PATH=(null)
C:\> find
find n'est pas reconnu...
C:\> path c:\batch;%PATH%
```

La commande *path* (écrite en minuscules ou en majuscules) ajoute le réper-toire c:\batch à la variable PATH (dont le nom doit obligatoirement être écrit en majuscules).

La construction « %PATH% » a pour effet d'inclure le contenu de la variable PATH, sans avoir à l'entrer manuellement. Dans ce cas-ci, cela équi-vaut donc à entrer la commande suivante :

```
C:\> path c:\batch;C:\WINDOWS\system32;C:\WINDOWS
```

La commande *path ;* supprime la recherche des fichiers exécutables : il n'y a plus aucun répertoire (null) spécifié. Il est donc normal que la commande *find* soit considérée comme inexistante. Notez qu'à partir de là le DOS n'est momentanément plus fonctionnel et vous avez tout intérêt à le relancer.

Lorsqu'il cherche un fichier de commande, le système d'exploitation regarde toujours d'abord dans le répertoire actif et puis dans les répertoires indiqués par le PATH. Donc si vous désirez exécuter, par exemple, un fichier batch se trouvant dans le répertoire courant, il n'est pas nécessaire de modifier le PATH.

pathping

Windows 2000/XP, Windows 95/98

Syntaxe

pathping [paramètres] destination

Description

La commande *pathping* est une commande permettant d'analyser la qualité d'une connexion à un serveur bien précis. Cette commande peut être vue comme un croisement entre les commandes *ping* et *tracert*.

Pour chaque serveur intermédiaire trouvé la commande *pathping* effectue toute une série de tests puis fournit, après quelques minutes, un rapport statistique.

Paramètres

-*h*   Spécifie le nombre maximum de serveurs intermédiaires pouvant se trouver entre votre ordinateur et l'ordinateur de destination.

-*n*   Précise qu'il ne faut pas transformer l'adresse IP en nom de domaine (ce qui fait gagner du temps).

Exemple

C:\> pathping -n yahoo.fr

Détermination de l'itinéraire vers yahoo.fr [217.12.3.11] avec un maximum de 30 sauts :

  0 192.168.0.17

  1 192.168.0.1

  2 ...

  ...

  8 217.12.0.149

  9 217.12.3.11

Traitement des statistiques pendant 250 secondes

  ...

La commande *pathping* analyse la connexion entre l'ordinateur et le serveur *yahoo.fr*, sans résoudre les noms de domaines des serveurs intermédiaires (on peut constater que seules les adresses IP sont affichées).

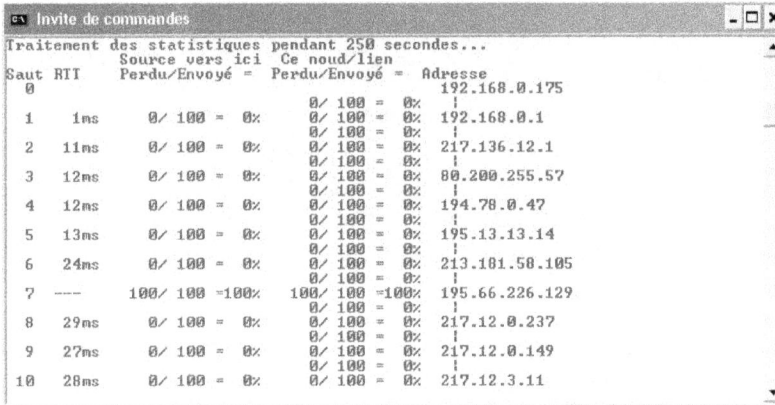

La commande *pathping* affiche des statistiques concernant la connectivité aux serveurs intermédiaires.

pause

Windows 2000/XP, Windows 95/98, DOS 6

Syntaxe

```
pause
```

Description

Cette commande à incorporer dans un fichier batch sert, comme son nom l'indique, à interrompre le traitement et à ne le reprendre qu'après une frappe sur une touche quelconque. Un message (« Appuyez sur une touche pour continuer ») demande à l'utilisateur d'intervenir avant de continuer.

Exemple

```
C:\> pause
Appuyez sur une touche pour continuer...
```

La commande pause n'a ici aucun intérêt : l'invite du DOS n'est plus accessible tant qu'on n'appuie pas sur une touche.

```
C:\essais\> more testpause.bat
@echo off
REM fichier batch permettant de tester la commande pause
pause
```

Le fichier, minimaliste, nommé *testpause.bat* permet de tester le fonctionnement de la commande *pause* dans un fichier batch.

> Cette commande est souvent utilisée conjointement à la commande *echo* : on utilise alors la commande *echo* pour afficher un message personnalisé tandis que la sortie de la commande *pause* est redirigée vers NUL (c'est-à-dire vers un faux périphérique de sortie, n'ayant d'autre intérêt que de faire disparaître la sortie de la commande). Différents fichiers batch de cet ouvrage utilisent cette technique (voir par exemple page 141).

ping

Windows 2000/XP, Windows 95/98

Syntaxe

ping [paramètres] nom d'un serveur

ping [paramètres] adresse IP d'un serveur

Description

La commande *ping* est incontournable : elle permet de définir si une route existe entre deux ordinateurs, ainsi que le temps mis par un paquet pour faire un aller-retour entre ces deux ordinateurs.

Paramètres

-*n num*   La commande s'arrête après *num ping*.

-*t*   La commande *ping* ne s'arrête jamais.

-*i n*   Demande à la commande d'essayer de trouver une route en utilisant au maximum *n* ordinateurs intermédiaires.

Exemples

C:\Documents and Settings\Pierre> ping -n 1 -i 15 yahoo.com

Envoi d'une requête 'ping' sur yahoo.com [216.109.112.135] avec 32 octets de données :

Réponse de 216.109.112.135 : octets=32 temps=91 ms TTL=50

Statistiques Ping pour 216.109.112.135:

Paquets : envoyés = 1, reçus = 1, perdus = 0 (perte 0%),

Durée approximative des boucles en millisecondes :

Minimum = 91 ms, Maximum = 91ms, Moyenne = 91 ms

On envoie (et récupère) un paquet *ping* (-n 1) au serveur *yahoo.com* en demandant d'utiliser, si possible, moins de 15 routeurs intermédiaires. La connexion se passe correctement.

```
C:\Documents and Settings\Pierre> ping 216.109.112.135
...
```

On transmet directement une adresse IP à la commande *ping*.

Notez que le cinquième chapitre – *Le DOS et Internet* – explique comment utiliser la commande ping pour diagnostiquer d'éventuels problèmes de connexion.

popd

Windows 2000/XP

Syntaxe

```
popd
```

Description

La commande *popd* (*pop directory*) est une commande interne au DOS, apparue avec le DOS de Windows 2000. Cette commande permet de retourner automatiquement au dernier répertoire qui a été sauvé par la commande *pushd*.

Exemples

```
C:\Documents and Settings\Pierre> pushd c:\essais
C:\essais> pushd c:\windows
C:\WINDOWS> ...
C:\WINDOWS> popd
C:\essais> ...
C:\essais> popd
C:\Documents and Settings\Pierre>
```

L'utilisateur Pierre empile plusieurs répertoires à l'aide de la commande pushd. Ensuite, après avoir effectué d'autres manipulations, il peut retourner aux anciens répertoires grâce à la commande *popd*.

- Il est possible, comme le montre l'exemple, d'utiliser plusieurs *pushd*.

- Le DOS 6 et ses prédécesseurs ne contenaient pas les commandes pushd et popd, pourtant disponibles sur d'autres systèmes d'exploitation (tels les systèmes Unix). Ces commandes étaient cependant tellement pratiques que de nombreux utilitaires, tel 4Dos, permettaient de les simuler.

- Lorsqu'il n'y a plus aucun répertoire d'empilé par *pushd*, la commande *popd* n'a aucun effet.

prompt

Windows 2000/XP, Windows 95/98, DOS 6

Syntaxe

```
prompt
prompt [codes] texte
```

Description

Cette commande permet de redéfinir l'apparence de l'invite de commandes du DOS (par défaut C:\>).

Notez que la commande *prompt,* sans aucun argument, permet de rétablir l'invite par défaut du système (correspondant généralement à PG).

Paramètres

$G   caractère « > »

$D   date

$T   heure

$P   lecteur et chemin d'accès

$N   lecteur

$V   numéro de version du système d'exploitation

Exemples

C:\Documents and Settings\Jean> prompt J'attends vos ordres chef :

J'attends vos ordres chef : cd .

J'attends vos ordres chef :

Il s'agit là d'un grand classique du genre. Plus sérieusement, l'invite peut être utilisée pour donner des informations intéressantes, tels le répertoire courant, la date, l'heure, etc.

C:\Documents and Settings\Jean> prompt DTHHHG

17/09/2004 17:15:12>

L'invite de commandes affiche à présent la date ($D), l'heure ($T) et le symbole habituel « > » ($G). Les trois codes $H permettent de supprimer les trois derniers caractères de l'heure, c'est-à-dire les centièmes de seconde (il s'agit d'un code de « retour chariot » utilisé par les anciens terminaux).

C:\Documents and Settings\Jean> prompt DTHHHV$G

17/09/2004 17:18:47 Windows XP [version 5.1.2600] > command

Microsoft(R) Windows DOS

17/09/2004 17:19:32 MS-DOS Version 5.00.500 >

Lorsqu'on lance le *command.com* depuis Windows XP, le DOS utilise les mêmes paramètres pour le *prompt*.

pushd

Windows 2000/XP

Syntaxe

pushd répertoire

Description

La commande *pushd*, apparue avec Windows 2000, permet de se rendre dans un nouveau répertoire tout en conservant une trace du répertoire courant. On utilise ensuite la commande *popd* pour pouvoir retourner au répertoire précédent.

Paramètre

répertoire   Le répertoire où on désire se rendre.

Exemple

C:\Documents and Settings\Pierre> pushd c:\essais

C:\essais> pushd c:\windows

C:\WINDOWS> ...

C:\WINDOWS> popd

C:\essais> ...

C:\essais> popd

C:\Documents and Settings\Pierre>

L'utilisateur Pierre empile plusieurs répertoires à l'aide de la commande pushd. Ensuite, après avoir effectué d'autres manipulations, il peut retourner aux anciens répertoires grâce à la commande *popd*.

- Il est possible, comme le montre l'exemple, d'utiliser plusieurs pushd imbriqués.

- Sans aucun argument, la commande *pushd* n'a aucun effet.

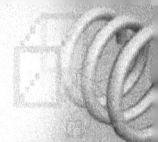

rem

Windows 2000/XP, Windows 95/98, DOS 6

Syntaxe

REM commentaire

Description

Cette commande est utilisée dans les fichiers batch. Elle n'effectue aucune action et permet, de ce fait, de placer des commentaires dans les fichiers batch (généralement au début).

Paramètre

commentaire   Une ligne de commentaire expliquant à quoi sert le programme.

Exemple

```
C:\essais> find "REM" *.bat
REM ...
REM Programme qui montre comment utiliser les commandes
REM pause et echo ensemble
...
```

La commande *find* permet de s'apercevoir que de nombreux fichiers batch contiennent des lignes de commentaires.

- Bien que le DOS accepte aussi bien la commande *rem* que *REM*, c'est, par convention, l'écriture en majuscule qui est généralement utilisée.

- Pour éviter que la commande *REM* et les autres commandes des fichiers batch n'apparaissent à l'écran lors de l'exécution du batch, on place généralement la commande *@echo off* avant les lignes *rem*.

rename

Windows 2000/XP, Windows 95/98, DOS 6

Syntaxe

rename source destination

Description

La commande *rename* permet de renommer, en une seule fois, un ou plusieurs fichiers.

Paramètres

source   Le ou les fichiers à renommer.

destination   Le ou les nouveaux noms.

Exemples

C:\essais> rename autoback.bak autoback.dat

Le fichier *autoback.bak* s'appelle à présent autoback.dat.

```
C:\essais\sub> dir
... article.txt demo.inf
2 fichier(s)
C:\essais\sub> rename *.txt *.inf
C:\essais\sub> dir
... article.inf demo.inf
```

Le répertoire *c:\essais\sub* contient deux fichiers (*article.txt* et *demo.txt*). La commande rename change en .inf l'extension de tous les fichiers portant préalablement l'extension *.txt*.

La commande *ren*, plus rapide à taper, est strictement identique à la commande *rename*.

replace

Windows 2000/XP, Windows 95/98, DOS 6

Syntaxe

replace [source]fichier [destination] [paramètres]

replace [source] [destination] [paramètres]

Description

Cette commande permet d'effectuer le remplacement conditionnel d'un ou de plusieurs fichiers dans un sous-répertoire.

Paramètres

/A   Ajoute les fichiers se trouvant à la source mais pas encore à la destination.

/U   Ne remplace les fichiers de la destination que si ceux déjà présents sont plus anciens que les fichiers en provenance de la source.

/P   Demande une confirmation avant de copier ou d'écraser un fichier.

/R   Ne tient pas compte de l'éventuel attribut read-only que pourraient avoir certains fichiers.

Exemples

 C:\essais\batch> replace *.bat d:\backup\batch /A

On ajoute tous les fichiers batch du répertoire *c:\essais\batch* ne se trouvant pas encore dans le répertoire *d:\backup\batch*.

 C:\essais\batch> replace *.bat d:\backup\batch /U /P

On met à jour les fichiers batch du répertoire *d:\backup\batch* d'après les fichiers se trouvant dans *c:\essais\batch*, en demandant une confirmation pour chaque fichier.

Notez que les caractères génériques sont autorisés dans les noms de fichiers acceptés par la commande *replace*.

rmdir

Windows 2000/XP, Windows 95/98, DOS 6

Syntaxe

rmdir [paramètres] dossier

Description

La commande *rmdir* permet d'effacer un répertoire. Il s'agit d'une commande relativement sûre puisque, par défaut, il n'est pas possible de supprimer un répertoire n'étant pas vide.

Paramètres

/S   Supprime, récursivement si nécessaire, tous les fichiers et sous-répertoires du répertoire à effacer.

/Q   Demande à utiliser le mode silencieux (les fichiers et répertoires sont effacés sans aucune demande de confirmation).

Exemples

c:\essais> rmdir tempo
Le répertoire n'est pas vide.

Le DOS refuse de supprimer le répertoire car celui-ci contient encore des fichiers.

c:\essais> rmdir /s tempo tempo, êtes-vous sur (O/N) ? O

L'option */S* est utilisée et la commande rmdir demande donc une confirmation avant d'effacer tous les fichiers et sous-répertoires présents dans le répertoire *tempo*.

Les commandes *rmdir* et *rd* sont strictement identiques : on préférera utiliser *rd*, plus rapide à entrer, à l'invite de commandes et *rmdir*, plus lisible, dans les fichiers batch.

Notez qu'il est impossible d'effacer un répertoire portant l'attribut *read-only* tout comme il est impossible d'effacer le répertoire principal (par exemple C:) d'un lecteur.

route

Windows 2000/XP, Windows 95/98

Syntaxe

route [paramètres] commande

Description

La commande *route* permet de manipuler directement la table de routage IP. Il s'agit d'une commande complexe, acceptant de nombreux paramètres.

Le principe du routage est simple : chaque paquet d'informations transite par une passerelle avant d'arriver à sa destination. On considère donc que cette passerelle fait partie de la « route » à emprunter pour que le paquet arrive à sa destination.

Utiliser la route consiste donc à manipuler la table de routage, en modifiant les passerelles à emprunter, pour que les paquets parviennent à la bonne destination.

Paramètres

-f	Efface momentanément les entrées concernant les différentes passerelles de la table de routage.
-p	Applique les modifications de façon permanente au système (les informations resteront telles quelles même après avoir redémarré le système).
PRINT	Affiche l'itinéraire.
ADD route	Ajoute une route.
DELETE route	Supprime une route.

CHANGE route   Modifie une route existante.

MASK masque   Utilisé conjointement à un autre paramètre, permet de définir un masque de sous-réseau.

Notez que les caractères génériques sont acceptés dans les adresses IP (par exemple 192.* pour tous les ordinateurs du réseau dont l'adresse commence par 192.).

```
Invite de commandes                                              _ □ ✕
   > route PRINT

C:\Documents and Settings\John>
C:\Documents and Settings\John>route PRINT
===============================================================================
Liste d'Interfaces
0x1 .......................... MS TCP Loopback interface
0x10003 ...00 0c 29 65 4b 4a ...... Carte AMD PCNET Family Ethernet PCI
===============================================================================
===============================================================================
Itinéraires actifs :
Destination réseau      Masque réseau   Adr. passerelle   Adr. interface Métrique
         0.0.0.0              0.0.0.0     192.168.0.1     192.168.0.175       30
       127.0.0.0            255.0.0.0       127.0.0.1       127.0.0.1         1
     192.168.0.0      255.255.255.0     192.168.0.175     192.168.0.175       30
   192.168.0.175  255.255.255.255       127.0.0.1         127.0.0.1         30
   192.168.0.255  255.255.255.255     192.168.0.175     192.168.0.175       30
       224.0.0.0          240.0.0.0     192.168.0.175     192.168.0.175       30
 255.255.255.255  255.255.255.255     192.168.0.175     192.168.0.175        1
Passerelle par défaut :        192.168.0.1
===============================================================================
Itinéraires persistants :
  Aucun

C:\Documents and Settings\John>_
```

La table de routage IP vue par la commande *route*.

Exemples

```
C:\> route PRINT | find " 0.0.0.0 "
 0.0.0.0  0.0.0.0  192.168.0.1
```

On redirige la sortie de la commande *route PRINT* vers la commande *find* pour ne conserver que la route à emprunter par les paquets destinés à Internet (et non au réseau local). On peut ainsi constater que la passerelle se trouve, dans ce cas-ci, à l'adresse 192.168.0.1 (il s'agit d'un routeur sur un réseau local).

```
C:\> route DELETE 0.0.0.0

C:\> ping yahoo.com
```

La requête *ping* n'a pas pu trouver l'hôte yahoo.com. Vérifiez le nom et essayez à nouveau.

La commande *route* est utilisée ici pour supprimer la route principale. Après cette commande, il n'existe plus de route entre l'ordinateur et Internet. Dans ces conditions, la commande *ping* suivante ne peut qu'échouer. Notez que vous pouvez essayer cette commande sans crainte : tant que vous n'utilisez pas le paramètre *-p*, la modification n'est pas permanente. Au pire, si vous ne parvenez pas à rétablir manuellement la bonne passerelle (à l'aide de la commande *route*), vous n'aurez qu'à redémarrer Windows.

```
C:\> route DELETE 0.0.0.0

C:\> route add 0.0.0.0 mask 0.0.0.0 192.68.0.1

C:\> ping yahoo.com

...

Paquets envoyés = 2, reçus = 2, perdus = 0 (perte 0%)

...
```

On supprime tout d'abord la route principale, pour ensuite la rétablir. Notez que la route principale à emprunter varie d'une configuration à l'autre.

- La commande *route* utilise le format Unix pour passer les paramètres : ceux-ci sont précédés du caractère « - » au lieu de l'habituel « / » du DOS.

- Si votre connexion Internet est opérationnelle, vous pouvez effectuer une copie de la route dans un fichier texte, que vous consulterez alors éventuellement en cas de problème. Par exemple :

  ```
  C:\> route print > routeOK.txt
  ```

set

Windows 2000/XP, Windows 95/98, DOS 6

Syntaxe

```
set  [variable=valeur]
```

Description

Cette commande permet de modifier les variables d'environnement du DOS.

Sans aucun paramètre, la commande set affiche la liste de toutes les variables d'environnement définies.

Paramètres

variable   La variable d'environnement à assigner ou à modifier.

valeur   La valeur à attribuer à la variable d'environnement.

Exemple

```
C:\essais>  set  test=42
C:\essais>  set  |  find  "test" test=42
```

On assigne la valeur 42 à une nouvelle variable d'environnement nommée *test*. On redirige ensuite la sortie de la commande set (sans argument) vers la commande *find* pour ne conserver que les variables contenant la chaîne de caractères « test » dans leur nom. On peut alors constater que la variable *test* a bien été correctement initialisée.

Il est possible de modifier le *prompt* en utilisant la commande *set* ou en entrant directement le nouveau *prompt* à l'invite. Par exemple :

```
C:\>  prompt  $G
```

shift

Windows 2000/XP, Windows 95/98, DOS 6

Syntaxe

shift [/num]

Description

La commande *shift*, à utiliser dans un fichier batch, décale la position des paramètres transmis à ce fichier. Dans la pratique, cette option est utilisée pour permettre de passer autant de paramètres qu'on le désire à un fichier batch (qui, autrement, est limité à 10 paramètres).

Chaque fois que la commande *shift* est utilisée, les paramètres sont décalés d'un rang.

Paramètre

num   Le seul paramètre accepté par la commande *shift* est le nombre d'arguments à passer avant de commencer le décalage (option disponible sous Windows 2000 et XP uniquement).

Exemples

Voici un premier fichier batch, n'utilisant pas la commande *shift* :

```
@echo off
REM fichier batch n'utilisant pas la commande shift
echo Le nom de ce fichier est %0
echo Il affiche un maximum de 9 paramètres :
echo %1 %2 %3 %4 %5 %6 %7 %8 %9
```

Testons à présent ce fichier, nommé *noshift.bat*, en entrant plus de 9 paramètres :

```
C:\essais> noshift  1 2 3 4 5 A B C D E F G H
Le nom de ce fichier est noshift
Il affiche un maximum de 9 paramètres : 1 2 3 4 5 A B C D
```

Les lettres E, F, G et H n'apparaissent pas à l'écran alors qu'elles ont été transmises en paramètre. En effet, seuls les 9 premiers paramètres sont pris en compte (il n'est pas possible d'utiliser %10 %11 %12).

Pour utiliser plus de 9 paramètres, nous allons à présent nous servir de la commande *shift* qui va décaler, à chaque appel, tous les paramètres d'une valeur. Lors du premier appel à *shift* %1 devient %0, %2 devient %1 et ainsi de suite jusqu'à ce que %10 devienne %9 et puisse enfin être utilisé.

Le second fichier batch est un exemple très simple, souvent utilisé pour illustrer le fonctionnement de la commande *shift*. Nous le nommons *avecshift.bat*; il utilise la commande *shift* pour gérer plus de 10 paramètres :

```
@echo off
REM fichier batch utilisant la commande shift
:recom
if %1!==! goto fin
echo %1 %2 %3 %4 %5 %6 %7 %8 %9
shift
goto recom
:fin
```

Essayons à présent d'exécuter ce fichier en transmettant les mêmes paramètres que ceux transmis au programme précédent :

```
C:\essais> avecshift.bat 1 2 3 4 5 A B C D E F
1 2 3 4 5 A B C D
2 3 4 5 A B C D E
3 4 5 A B C D E F
4 5 A B C D E F
5 A B C D E F
A B C D E F
B C D E F
C D E F
D E F
E F
F
```

Le programme affiche bien tous les paramètres existant sur la ligne de commandes, jusqu'à ce qu'il n'y en ait plus.

- Sans la commande *shift*, le nombre de paramètres qu'accepte un fichier batch est réellement 9 (et non 10) : en effet, le paramètre %0 représente le nom du fichier batch lui-même.

- Après un *shift*, il n'est plus possible de récupérer le paramètre %0 précédent l'appel au *shift*. La seule manière de pouvoir encore y accéder consiste à le transférer dans une autre variable *avant* d'employer la commande *shift*.

- Si on demande d'afficher le paramètre %10, le DOS n'affichera pas le dixième paramètre mais le paramètre %1, suivi d'un zéro ! Dans le premier exemple, cela aurait donné « a0 ».

sort

Windows 2000/XP, Windows 95/98, DOS 6

Syntaxe

```
sort [paramètres] fichier
commande | sort [paramètres]
```

Description

La commande *sort* permet de trier les données qu'elle reçoit. Ces données peuvent provenir d'un fichier ou, plus généralement, d'une autre commande. Les données proviennent donc de l'entrée standard puis sont affichées, triées, sur la sortie standard.

Sans aucun paramètre, la commande *sort* trie simplement les données qu'elle reçoit ligne par ligne, par ordre alphabétique.

Paramètres

/R   détermine un tri dans un ordre descendant (par défaut, le tri utilise un ordre ascendant).

/+N   précise quelle colonne il faut utiliser pour effectuer le tri.

Exemples

Supposons que le fichier *datas.txt* contienne une liste de quelques prénoms, dans le désordre :

```
C:\essais>  sort  datas.txt
Bernard
Laurent
Martin
Mike
Nicolas
Philippe
Pierre
Robin
```

Les prénoms sortent triés par ordre alphabétique.

```
C:\essais>  sort  datas.txt /r
Robin
Pierre
Philippe
Nicolas
Mike
Martin
Laurent
Bernard
```

Le paramètre */r* permet d'inverser l'ordre de tri.

```
C:\essais>  type codeCouleurs.txt  |  sort  /+4
rouge    3a
fushia   3b
violet   2
cyan     8
```

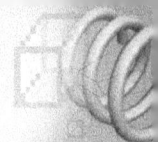

```
blanc    1a
jaune    3c
orange   6
noir    7
gris     9
vert     1b
mauve   4
```

Les données sont triées suivant la lettre contenue dans la quatrième colonne (« g » dans « rouge », « h » dans « fushia », etc.).

```
C:\essais> type codeCouleurs.txt  |  sort  /+8
blanc    1a
vert     1b
violet   2
rouge    3a
fushia   3b
jaune    3c
mauve    4
orange   6
noir    7
cyan     8
gris     9
```

La huitième colonne correspond ici à l'unique chiffre de chaque entrée. Les données sont donc triées par ordre numérique.

```
C:\essais> type codeCouleurs.txt  |  sort  /+9
gris     9
cyan     8
noir    7
orange   6
mauve   4
violet   2
rouge    3a
```

```
blanc    1a
vert     1b
fushia   3b
jaune    3c
```

Les données sont triées suivant le caractère contenu dans la dernière colonne et non suivant le chiffre, comme pourrait le laisser croire le début de la
sortie. Les données ne contenant ni « a » ni « b » ni « c » apparaissent avant
les autres lignes car le code du caractère d'espacement se trouve, dans le
code ASCII, avant le lettre « a ».

- Certaines commandes, telle *dir*, disposent de leurs propres paramètres permettant de trier les données suivant certains critères.

- Comme le montre les exemples, il est possible de préciser différentes
  colonnes pour le tri : si les données de la première colonne sont similaires, on utilise la colonne suivante pour les départager et ainsi de
  suite.

subst

Windows 2000/XP, Windows 95/98, DOS 6

Syntaxe

```
subst lecteur: chemin
subst lecteur: /D
```

Description

La commande *subst* permet d'assigner un nom de lecteur (ou nom de volume) à un sous-répertoire. Sans aucun argument, cette commande affiche la
liste de toutes les substitutions actuellement en cours.

Les sous-répertoires auxquels on substitue un lecteur sont toujours accessibles à leur emplacement d'origine.

Paramètres

lecteur   La lettre que vous désirez attribuer au lecteur virtuel ou le lecteur que vous désirez supprimer.

chemin   Le répertoire auquel vous désirez faire correspondre un lecteur virtuel.

/D   Signifie que vous désirez supprimer ce lecteur virtuel.

Exemples

```
C:\> dir i:
Le chemin d'accès spécifié est introuvable
Il n'existe pas de lecteur nommé I: sur ce système.
C:\> subst i: c:\essais
C:\> subst
I:\: -> C:\essais
```

On substitue à présent le lecteur *i:* au répertoire *c:\essais*; la commande *subst* confirme ensuite que la substitution a bien eu lieu.

```
C:\> dir i: datas.txt noshift.bat
...
```

A présent la commande *dir* veut bien afficher le lecteur qui, même s'il est virtuel, est reconnu par le système.

time

Windows 2000/XP, Windows 95/98, DOS 6

Syntaxe

```
time [/T]
time heure
```

Description

Utilisée sans option, cette commande affiche l'heure courante et propose de la changer. Utilisée avec un paramètre, cette commande permet soit de modifier instantanément l'heure, soit de ne pas proposer de la modifier.

Paramètre

/T   Demande à ce que la commande se contente d'afficher l'heure, sans proposer d'en changer.

Exemples

```
C:\> time
L'heure actuelle est : 10:28:52,17
Entrez la nouvelle heure :
```

Le système affiche l'heure avec précision. Pour ne pas modifier l'heure, appuyez sur <ENTRÉE>.

```
C:\> time /T
10:28
```

L'option /T affiche un format condensé de l'heure et ne propose pas de la modifier.

```
C:\> time 12:32:42
C:\> time /T
12:32
```

On règle l'heure sur 12 h 32 (et 42 secondes). Notez que les secondes ainsi que les centièmes de secondes sont optionnels.

L'option /T, qui évite de proposer d'entrer une nouvelle heure, se révèle pratique dans les fichiers batch, pour éviter qu'ils ne se bloquent lorsqu'on utilise la commande *time*.

title

Windows 2000/XP, Windows 95/98

Syntaxe

title nom

Description

La commande *title* permet de modifier le titre de la fenêtre DOS.

Utilisée sans aucun argument, cette commande n'a aucun effet.

Exemple

C:\> title Informations

Le titre de la fenêtre DOS est modifié. La fenêtre s'appelle à présent « Informations ».

Le listing présent à la page 145 montre comment utiliser la commande *title* dans un fichier batch pour modifier le nom de la fenêtre d'un programme en cours d'exécution.

```
C:\>cd "Documents and Settings"
C:\Documents and Settings>cd Jean
C:\Documents and Settings\Jean>title Titre personnalisé
C:\Documents and Settings\Jean>_
```

La commande *title* vient de modifier le titre de la fenêtre DOS.

tracert

Windows 2000/XP, Windows 95/98

Syntaxe

tracert [paramètre] destination

Description

La commande *tracert* permet de déterminer quel est le chemin emprunté par les paquets IP pour se rendre sur l'ordinateur de destination.

Paramètres

-d   Ne pas convertir les adresses IP en noms de serveur.

-h   Nombre maximum de serveurs intermédiaires à utiliser.

Exemple

Sur la capture d'écran ci-dessous, on peut voir le résultat de la commande :

C:\> tracert yahoo.com -d

```
 Invite de commandes                                              _ □ ✕

C:\Documents and Settings\John>tracert yahoo.com -d

Détermination de l'itinéraire vers yahoo.com [216.109.112.135]
avec un maximum de 30 sauts :

   1     <1 ms     <1 ms     <1 ms   192.168.0.1
   2     12 ms     10 ms     10 ms   80.200.192.1
   3      9 ms     30 ms     25 ms   80.200.255.149
   4     11 ms     12 ms     12 ms   194.78.0.146
   5     11 ms     12 ms     12 ms   206.24.147.153
   6     12 ms     19 ms     13 ms   206.24.147.30
   7     15 ms     15 ms     15 ms   195.2.10.66
   8     23 ms     22 ms     21 ms   195.2.10.146
   9     94 ms     91 ms     92 ms   195.2.10.113
  10     93 ms     93 ms     92 ms   195.2.3.14
  11     93 ms     92 ms     92 ms   198.32.118.24
  12     92 ms    122 ms    123 ms   216.115.96.78
  13     99 ms     98 ms     98 ms   216.115.96.181
  14     96 ms     98 ms     99 ms   216.109.120.218
  15    100 ms     99 ms    100 ms   216.109.112.135

Itinéraire déterminé.

C:\Documents and Settings\John>
```

La commande *tracert* détermine l'itinéraire vers yahoo.com.

tree

Windows 2000/XP, Windows 95/98, DOS 6

Syntaxe

tree [/F] [répertoire]

Description

Cette commande affiche, sur la sortie standard, la structure arborescente des sous-répertoires. Si aucun argument n'est transmis à cette commande, la recherche commence à partir du répertoire courant.

Paramètres

/F	Demande à afficher, en plus de l'arborescence des répertoires, le nom de tous les fichiers présents dans tous les répertoires.
répertoire	Indique le répertoire à partir duquel doit commencer la recherche.

Exemples

C:\Documents and Settings\Jean> tree c:

Ce sont tous les répertoires de la partition qui sont affichés sous la forme d'un arbre gigantesque.

C:\> tree /F | more

La commande *tree* affiche récursivement toute la structure du disque dur en commençant depuis la racine. On redirige la sortie vers la commande *more* pour avoir le temps de consulter ces informations.

Cette commande peut être pratique pour créer rapidement un aperçu de la structure du disque dur. Il est ainsi possible, par exemple, de rediriger la sortie de cette commande vers un fichier texte, d'y ajouter quelques informations (telle la taille occupée par les répertoires les plus importants), puis ensuite d'imprimer ce fichier.

type

Windows 2000/XP, Windows 95/98, DOS

Syntaxe

```
type fichier(s)
```

Description

Cette commande affiche le contenu d'un fichier texte sur la sortie standard.

Exemples

```
C:\essais> type testgoto.bat
@echo off
REM exemple d'utilisation de la commande goto
REM ctrl-c permet d'interrompre ce programme
:debut
date /T
time /T
goto debut
C:\essais>
```

La commande *type* affiche ici le contenu du fichier *testgoto.bat* présent dans le répertoire *essais*.

```
C:\essais> type *.bat | find "echo off"
dosping.bat  test.bat  testgoto.bat  testpause.bat
@echo off
@echo off
@echo off
@echo off
...
```

Le contenu de tous les fichiers portant l'extension *.bat* est transmis à la commande *find*, qui n'en retient que les lignes contenant la chaîne de caractères « echo off ».

- Contrairement à la commande *more*, qui effectue une pause après chaque page, la commande *type* affiche l'intégralité du fichier d'un seul coup.

- On utilise généralement la commande *type* pour consulter de très petits fichiers textes ou pour rediriger la sortie de cette commande dans un filtre. Par exemple :

```
type | more
```

ver

Windows 2000/XP, Windows 95/98, DOS 6

Syntaxe

```
ver
```

Description

La commande *ver* affiche le numéro de version du système. Sous Windows, cette commande en affiche un qui n'a rien à voir avec les différentes versions du DOS.

Exemples

```
C:\Documents and Settings\Jean> ver  /?
Affiche le numéro de version de Windows XP.
VER
```

L'aide de la commande *ver* indique bien ici qu'il s'agit du numéro de version du système d'exploitation qui est donné et non du DOS.

```
C:\WINDOWS>  ver
Windows 98 [Version 4.10.2222]
```

La dernière version de Windows 98 (OSR2) porte le numéro 4.10.2222.

C:\Documents and Settings\Administrateur> ver
Microsoft Windows 2000 [version 5.0.2195]

Les différentes moutures de Windows 2000 portent des numéros de versions commençant par 5.0.

C:\Documents and Settings\Jean> ver
Microsoft Windows XP [version 5.1.2600]

Dans cet exemple, la version 5.1 succède à la version 5.0, c'est-à-dire à (Windows 2000).

- La sortie de la commande *ver* sur différents systèmes donne, comme nous pouvons le voir ci-dessus, des résultats pour le moins variés.
- Il est possible d'analyser automatiquement la sortie de la commande ver dans un fichier batch et d'agir ensuite en fonction de la version renvoyée par celle-ci.

vol

Windows 2000/XP, Windows 95/98, DOS 6

Syntaxe

vol [lecteur]

Description

La commande *vol* affiche le nom et le numéro de série d'un lecteur. Sans argument, ce sont les informations concernant le lecteur courant qui sont renvoyées.

Paramètre

lecteur Le lecteur dont on désire obtenir les informations.

Exemples

```
C:\Documents and Settings\Jean>  vol
  Le volume dans le lecteur C s'appelle PRINCIPAL
  Le numéro de série du volume est 9376-7E20
```

La commande *vol* renvoie ici le nom (PRINCIPAL) et le numéro de série du disque courant (c'est-à-dire C:).

```
C:\Documents and Settings\Jean>  vol  d:
  Le volume dans le lecteur D s'appelle CDROM
  Le numéro de série du volume est 9581-32C6
```

On se trouve sur le lecteur C: et on demande le nom du lecteur D:. La commande *vol* nous informe qu'il s'agit d'un lecteur de CD-Rom.

xcopy

Windows 2000/XP, Windows 95/98, DOS 6

Syntaxe

```
xcopy  source  destination  [paramètres]
```

Description

La commande *xcopy* permet de faire des copies sélectives depuis un répertoire source vers un répertoire de destination. Cette commande offre de très nombreux paramètres et permet, notamment, d'effectuer facilement des sauvegardes de fichiers importants.

Paramètres

/A   Copie uniquement les fichiers dont l'attribut archive est activé.

/M   Copie uniquement les fichiers dont l'attribut archive est activé sans pour autant donner cet attribut à la copie.

/D: Copie uniquement les fichiers plus récents que la date spécifiée.

/P   Affiche un avertissement avant de créer les fichiers de destination.

/S   Copie, récursivement si nécessaire, tous les sous-répertoires ainsi que les fichiers qu'ils contiennent.

/E   Copie tous les sous-répertoires et les fichiers qu'ils contiennent en créant même, s'il y a lieu, des répertoires vides.

/C   Continue à copier même si des erreurs se produisent.

/L   Avertit l'utilisateur de chaque fichier copié.

/H   Copie également les fichiers dont les attributs *archive* et *system* sont activés.

/R   Remplace les fichiers de la destination, même s'ils sont en lecture seule.

/U   Effectue une mise à jour des fichiers de la destination existant déjà.

/K   Donne les mêmes attributs aux fichiers de la destination que ceux des fichiers de la source (sans ce paramètre, la commande xcopy active l'attribut lecture seule pour tous les fichiers copiés).

/N   Donne un nom court, au format 8.3, aux fichiers copiés.

/Y   Supprime l'éventuelle demande de confirmation avant d'écraser un fichier déjà existant sur la destination.

/-Y   Force la commande *xcopy* à demander une confirmation avant d'effectuer un remplacement.

Notez que si vous utilisez *xcopy* dans des fichiers batch, vous pouvez utiliser la commande *if errorlevel* pour aiguiller l'exécution du programme en fonction des codes d'erreur renvoyés par la commande *xcopy*. Les codes les plus couramment rencontrés sont les suivants :

▶ 0   aucune erreur.

▶ 1   aucun fichier à copier n'a été trouvé.

▶ 2   la copie a été interrompue (par exemple par <CTRL>+<C>).

▶ 4   erreur d'initialisation (fichier ou chemin non trouvé ou commande incorrectement formulée).

Exemples

```
C:\> xcopy \\system\essais\* x:\backup /s /c /r
```

Copie tous les fichiers et sous-répertoires du répertoire *essais* du lecteur réseau *system* dans le répertoire *backup* du lecteur x:. La commande remplace d'éventuels fichiers en lecture seule (/r) et ne s'arrête pas si des erreurs surviennent (/c).

> Pour obtenir la liste exhaustive des paramètres supportés par *xcopy*, vous devez rediriger la sortie de l'aide vers la commande *more* :
>
> ```
> xcopy /? | more
> ```

ANNEXES

COMMENT FAIRE POUR...

Comment faire pour lancer le DOS sous Windows 98 ?

Ouvrez le menu *Démarrer,* choisissez *Programmes* puis *Commandes MS-DOS.* Vous pouvez également créer un raccourci vers le DOS sur le Bureau (voir page 22).

Comment faire pour lancer le DOS sous Windows 2000 ?

Ouvrez le menu *Démarrer*, choisissez Programmes puis Accessoires et, finalement, Invite de commandes. Vous pouvez également créer un raccourci vers le DOS sur le Bureau (voir page 22).

Comment faire pour lancer le DOS sous Windows XP ?

Ouvrez le menu *Démarrer*, choisissez *Tous les programmes* puis *Accessoires* et, finalement, *Invite de commandes*. Notez qu'après une première utilisation du DOS, ce choix apparaîtra ensuite directement dans le menu *Démarrer*. Enfin, vous pouvez créer un raccourci vers le DOS sur votre bureau (voir page 22).

Comment faire pour formater un disque dur ?

format (voir page 203).

Comment faire pour formater une disquette ?

format a: ou *format a: /S* (voir page 203).

Comment faire pour renommer un lecteur ?

vol (voir page 249).

Comment faire pour vérifier un disque ?

chkdsk (voir page 168).

Comment faire pour visualiser le contenu d'un répertoire ?

dir (voir page 181).

Comment faire pour effacer un répertoire ?

rmdir ou *rd* (voir page 231).

Comment faire pour créer un répertoire ?

mkdir ou *md* (voir page 213).

Comment faire pour attribuer un nom de lecteur à un répertoire ?

subst (voir page 241).

Comment faire pour copier un fichier ?

copy (voir page 175).

Comment faire pour effacer un fichier ?

del (voir page 178).

Comment faire pour modifier les attributs d'un fichier ?

attrib (voir page 163).

Comment faire pour changer l'invite ?

prompt (voir page 225).

Comment faire pour imprimer depuis le DOS ?

Rediriger la sortie vers le périphérique *prn*. Ceci ne fonctionne toutefois qu'avec les imprimantes connectées au port parallèle (voir page 94).

Comment faire pour trier la sortie d'une commande ?

sort (voir page 238).

Comment faire pour extraire des données d'un fichier *.cab* ?

expand (voir page 193).

Comment faire pour afficher le contenu d'un fichier texte ?

type (voir page 247) ou *more* (voir page 214).

Comment faire pour trouver une chaîne de caractères dans un fichier ?

find (voir page 198).

Comment faire pour modifier la date ?

date (voir page 176).

Comment faire pour modifier l'heure ?

time (voir page 242).

Comment faire pour mémoriser les chemins d'accès aux répertoires ?

pushd (voir page 227) et *popd* (voir page 224).

Comment faire pour comparer des fichiers ?

fc (voir page 194) ou *comp* (voir page 174).

Comment faire pour définir une macro-commande ?

doskey macro = commande (voir page 186).

Comment faire pour quitter le DOS ou une fenêtre DOS ?

exit (voir page 192).

SOS : PLUS RIEN NE FONCTIONNE !

Il vous arrivera – peut-être même vous est-il déjà arrivé – que Windows refuse de fonctionner et que, plus grave, il s'oppose à toute nouvelle installation. La réinstallation du programme est en cours d'exécution, puis tout se bloque. Dans ce cas, que faire pour, au minimum, récupérer les fichiers importants ? C'est ici que la connaissance du DOS se révèle utile.

Tout d'abord, il est nécessaire que vous connaissiez la structure hiérarchique des dossiers sur votre ordinateur et que vous sachiez coment vous déplacer de dossier en dossier, comme cela a été expliqué précédemment (commande *cd*). Il faut aussi vous rappeler que la structure hiérarchique des dossiers varie en fonction des versions de Windows (voir pages 95 à 103).

Ensuite, pour accéder aux différents fichiers que vous souhaitez sauvegarder, il est nécessaire de savoir comment utiliser les codes ASCII permettant d'accéder à certains caractères spéciaux utilisés par Windows pour nommer les dossiers et les fichiers (voir pages 76 et 77).

Si vous savez tout cela, vous pouvez commencer l'opération SOS.

SOS en cinq étapes

☐ Faites fonctionner l'ordinateur en mode DOS

Dans les chapitres précédents, nous avons montré les différentes possibilités de fonctionnement en mode DOS. Le plus simple, et le plus sûr, est d'utiliser une disquette de lancement contenant les programmes DOS nécessaires pour faire fonctionner l'ordinateur. Il ne sera jamais question, ici, du mode émulation puisque, en principe, Windows ne fonctionne pas et que c'est là tout votre problème.

☐ Lancez le programme *fdisk*

Lorsque l'invite s'affiche à l'écran, à partir de la disquette, lancez le programme *fdisk* et procédez comme cela a été expliqué à la page 62 pour activer une partition. Ceci fait, essayez maintenant de réinstaller Windows. Il se pourrait que tout rentre dans l'ordre du seul fait de la réactivation de la partition. Si ce n'est pas le cas, votre tâche principale sera de sauver sur un support externe les fichiers importants. Si vous avez réalisé une sauvegarde récente, il ne s'agira que de quelques fichiers ; par contre, si votre sauvegarde est déjà ancienne, le nombre de fichiers risque d'être plus important. Bien entendu, vous ne devez sauvez que les fichiers de données : il est inutile de sauver les fichiers de programmes, car vous devrez de toute façon les réinstaller sur votre ordinateur.

③ Identifiez les fichiers à sauver

Pour retrouver un fichier, il suffit de vous positionner sur la racine du disque et de lancer la commande *dir* suivie du nom du fichier et du paramètre */S*. Le DOS scanne alors tout votre disque dur et vous indique le répertoire précis où le fichier est enregistré. Pour retrouver plusieurs fichiers, vous pouvez utiliser les caractères génériques, comme cela a été expliqué à la page 80.

④ Sauvegardez les fichiers

Pour copier les fichiers de votre disque dur sur un autre support externe, vous utiliserez la commande *copy* (c'est la plus simple) comme cela a été expliqué à la page 175. Ici aussi, vous pouvez vous servir des caractères génériques.

Le problème qui va se poser à vous maintenant est de déterminer sur quel support externe vous allez copier les fichiers sachant que la plupart de vos périphériques particuliers ne vont plus fonctionner en mode DOS. Il est donc inutile d'espérer utiliser votre graveur...

Le choix des périphériques externes utilisables est donc assez limité :

▶ la disquette : mais vous ne pourrez guère récupérer que 1,44 Mo de données par disquette (la sauvegarde d'un nombre important de fichiers risque donc d'être très longue) ;

▶ un disque dur complémentaire : vous pouvez installer un second disque dur dans votre ordinateur et copier tous les fichiers de l'un à l'autre, mais si vous n'avez aucune expérience dans le domaine de l'installation des périphériques ce n'est pas le moment d'ouvrir votre ordinateur et de vous lancer dans l'installation d'un disque dur ;

▶ la disquette ZIP.

5 Utilisez une disquette ZIP

Le lecteur de disquettes ZIP, de la société Iomega, est sans doute le périphérique de sauvegarde le plus vendu au monde. Il existe des lecteurs de disquettes de 100 Mo et des lecteurs de 250 Mo. Seuls les disquettes de 100 Mo sont reconnues par le DOS (notez qu'une disquette de 100 Mo dans un lecteur 250 Mo fonctionne sous DOS) et, pour que le lecteur soit reconnu, il faut :

▶ utiliser le port parallèle pour raccorder le lecteur ZIP au PC ;

▶ installer les drivers DOS, disponibles à l'adresse suivante :

http://www.iomega.com/software/index.html

Après avoir effectué ces manœuvres, vous pouvez enfin copier vos précieuses données depuis le disque dur vers la disquette ZIP de 100 Mo (en principe, si vous ne copiez que vos fichiers de données les plus importants, une ou deux disquettes de 100 Mo devraient suffire).

LES COMMANDES BATCH

Les commandes « batch » sont les commandes acceptées dans les fichiers batch. Ces commandes sont, par ordre alphabétique :

CALL *nom* Transfère le contrôle à un autre fichier batch. Voir page 165.

ECHO ON Affiche le nom de chaque commande exécutée par le fichier batch. Voir page 189.

ECHO OFF N'affiche pas le nom des commandes exécutées. Voir page 189.

ECHO *message* Affiche le message indiqué en paramètre. Voir page 189.

FOR %% *var* **IN** (*liste*) **DO**

Repète la commande pour tous les fichiers de la liste. Voir page 200.

GOTO *label* Effectue un branchement au label spécifié. Voir page 205.

IF *ch1* **==** *ch2* Exécute la commande si les chaînes *ch1* et *ch2* sont identiques. Voir page 208.

IF ERRORLEVEL *n* Exécute la commande spécifiée si le code d'erreur de la commande précédente est supérieur ou égal à n. Voir page 208.

IF (NOT) EXIST *fichier*

Exécute la commande si le fichier existe ou n'existe pas (*NOT*). Voir page 208.

REM Ignore la remarque lors de l'exécution du fichier. Voir page 228.

SHIFT Déplace les paramètres de manière à permettre l'utilisation de plus de 10 paramètres. Voir page 236.

Les filtres

Les filtres sont des commandes externes qui transforment les données qui leur sont communiquées (et cela quelle que soit la source de communication – à condition qu'elle soit spécifiée) de manière à leur donner une nouvelle présentation ou à en sélectionner certains éléments en fonction des critères spécifiés.

Les trois commandes les plus souvent utilisées pour filtrer les sorties d'autres commandes sont :

- *find*   Recherche une chaîne de caractères dans un fichier (voir page 198).

- *more*   Affiche page par page les données d'un fichier (voir page 214).

- *sort*   Trie le contenu d'un fichier (voir page 238).

Les symboles utilisés pour établir un filtre sont les suivants :

- \>   Redirection de fichier sortant (voir page 92).

- \>\>   Redirection et concaténation de fichier sortant (voir page 92).

- \<   Redirection de fichier entrant (voir page 92).

- | Redirection des fichiers entrant et sortant (voir page 160).

La plupart des exemples de cet ouvrage enchaînant des filtres utilisent le symbole « | » et l'une des trois commandes *find*, *more* ou *sort*.

LES NOMS DE PÉRIPHÉRIQUES

Les principaux périphériques connectables à l'ordinateur ont reçu un nom. L'utilisation de ce nom permet, par exemple, d'aiguiller une sortie ou une entrée sur un autre périphérique que le périphérique par défaut. Notez que ces périphériques voient toujours leurs noms accolés du caractère « : », sans caractère d'espacement.

A:	Toujours le premier lecteur de disquettes.
B:	Toujours le second lecteur de disquettes (lorsqu'il existe).
C:	Le premier lecteur, c'est-à-dire la première partition du premier disque dur.
D:	Le second lecteur (généralement un lecteur de CD-Rom ou de DVD).
E: – Z:	Les éventuels autres lecteurs (lecteur virtuel, mémoire USB, etc.).
COM1:	Le port série 1 (port sur lequel les souris non PS2 et non USB sont connectées).
COM2 – 4 :	Les autres ports série (lorsqu'ils existent).
CON:	Périphérique d'entrée/sortie par défaut (clavier + écran).
LPT1:	Interface parallèle 1 (imprimante).
NUL:	Périphérique « fantôme », dont le seul rôle est de cacher la sortie d'une commande des yeux de l'utilisateur.

RACCOURCIS CLAVIER

La liste suivante reprend différents raccourcis clavier pouvant s'avérer utile lorsqu'on travaille avec la ligne de commandes DOS. Notez que ces raccourcis sont disponibles par défaut sous Windows 2000 et XP et peuvent s'obtenir sur les autres DOS en lançant préalablement la commande *doskey*.

<ALT>+<F7>	Efface le tampon contenant l'historique des dernières commandes utilisées.
<ALT>+<F10>	Efface toutes les macros-commandes définies.
<BACKSPACE>	Efface le caractère à gauche du curseur.
<CTRL>+<END>	Efface tous les caractères à droite du curseur.
<CTRL>+<HOME>	Efface tous les caractères à gauche du curseur.
<DEL>	Efface le caractère sous le curseur.
<END>	Positionne le curseur en fin de ligne.
<ALT>	Complète automatiquement le nom d'un fichier ou d'un répertoire dont on a seulement entré les premières lettres.
<F7>	Affiche le contenu du tampon contenant l'historique des dernières commandes utilisées.
<F8>	Affiche la première ligne trouvée dans l'historique commençant par les caractères déjà entrés à l'invite.
<F9>	Permet d'appeler une commande en utilisant son numéro d'ordre (affiché par <F7>).

Notez également que les flèches du clavier permettent également de se déplacer sur la ligne de commandes caractère par caractère (flèches gauche et droite) ou mot par mot (<CTRL> + flèches gauche et droite) ou dans l'historique des dernières commandes utilisées (flèches haut et bas).

GLOSSAIRE

8.3

Format utilisé par le DOS pour nommer les fichiers. Le 8 signifie qu'on a droit à 8 lettres maximum pour le nom du fichier tandis que le 3 signifie que l'extension peut comporter maximum 3 lettres. Par exemple : *lemmings.exe* est un nom de fichier respectant le format 8.3.

Archiver

Action qui consiste à compresser et à sauvegarder plusieurs fichiers en un seul nouveau fichier.

AT

Advanced Technology. PC équipé d'un processeur de type 80286 ou supérieur.

Attribut

Sous DOS, les fichiers peuvent avoir quatre attributs différents. Les attributs peuvent être modifiés par la commande DOS *attrib*.

Ascii

American Standard Code for Information Interchange. Se prononce « aski ». C'est un code américain (mais devenu standard international) qui permet, à l'aide de 7 bits, de définir tous les caractères alphanumériques utilisés en anglais (signes de ponctuation, lettres minuscules et majuscules, chiffres, ...). Seuls 128 caractères sont définis dans ce code.

Backslash

angl. Nom correspondant au caractère « / ».

Batch

voir Fichier batch.

Bios

Basic Input/Output System. Le Bios est un mini système d'exploitation qui sert de tampon entre la couche matérielle de l'ordinateur et la couche logicielle de l'ordinateur.

Camel case

Convention utilisée pour nommer les fichiers et les variables où, pour éviter d'utiliser des espaces, chaque première lettre d'un mot est en majuscule et le reste du mot en minuscule (par exemple *ArchiveComptaJuin.zip*).

Caractère générique

Caractère pouvant remplacer un ou plusieurs autres caractères dans une expression. Les deux caractères génériques supportés sous DOS et sous Unix sont « ∗ » et « ? ».

Chemin

Lieu de stockage d'un fichier. Le chemin représente l'ensemble des répertoires à parcourir pour parvenir au fichier ainsi que le nom du fichier lui-même. Sous DOS, les répertoires du chemin sont séparés par le caractère *backslash*.

Commande externe

Commande DOS à laquelle correspond un fichier sur le disque dur.

Commande interne

Command DOS qui est chargée en mémoire dès qu'un DOS est ouvert. Il ne correspond aucun fichier particulier à une commande internet.

Compresser

voir Archiver.

Décompresser

voir Désarchiver.

Défragmentation

Action consistant à regrouper, sur des secteurs contigus d'un disque dur, des fichiers fragmentés.

Désarchiver

Action consistant à extraire un ou plusieurs fichiers, éventuellement compressés, d'un fichier d'archive (par exemple *.zip*).

Directory

angl. voir Répertoire.

DNS

Domain Name Server. Serveur Internet s'occupant de transformer les noms de domaine (par exemple yahoo.fr) en adresse IP (par exemple 206.219.23.4).

DOS

Disk Operating System.

Dossier

voir Répertoire.

Driver

voir Pilote.

Entrée standard

Entrée par laquelle les commandes DOS reçoivent leurs paramètres. Il s'agit par défaut du clavier mais les symboles de redirection peuvent être utilisés pour modifier ce comportement.

Extension

L'extension désigne les caractères ajoutés au nom d'un fichier. Jusqu'au DOS 6, l'extension est limitée à trois caractères.

FAT

File Allocation Table. Table d'allocations des fichiers. La FAT se trouve au début du disque dur. Le terme FAT est cependant plus souvent utilisé pour désigner les partitions de type FAT.

FAT (partition)

Système de fichiers d'abord utilisé par le DOS puis par Windows 95. Ce type de partitions existe toujours.

FAT16

C'est ainsi qu'on appelle dorénavant les partitions de type FAT. En fait, l'utilisation du terme FAT16 s'est généralisée lors de l'apparition des partitions de type FAT32, pour bien les différencier.

FAT32

Système de fichiers apparu avec Windows 95. Les partitions peuvent atteindre jusqu'à 8 Go.

FAT32X

Le type de partition FAT32X est une version FAT32 étendue, qui permet de supporter des partitions de plus de 8 Go.

Fichier batch

Fichier au format texte contenant des commandes DOS. Il s'agit en fait d'un véritable petit programme, pouvant être exécuté par le DOS.

Filtre

Sous DOS (et sous Unix), les filtres permettent de rediriger les entrées et les sorties des commandes. Les symboles utilisés à cet effet sont : « ‹ », « › » et « | ».

Formatage

Opération qui consiste à préparer un support (tel une disquette ou un disque dur) pour lui donner une structure utilisable par le système d'exploitation.

Fragmentation

Morcellement de l'espace libre du disque dur en petits blocs. Sur un disque fort fragmenté, l'enregistrement d'un nouveau fichier se traduit par le morcellement du fichier en un certain nombre de blocs disséminés sur le disque. Ceci altère réellement les temps d'accès aux fichiers et il est donc nécessaire de défragmenter régulièrement les disques durs.

FreeDos

Emulateur DOS gratuit pour PC.

Freeware

Logiciel gratuit.

Giga-octets

Un Giga-octets correspond à 1 024 Méga-octets.

IDE

Integrated Drive Electronics. Interface de contrôle des disques durs.

IP

Internet Protocol. Il s'agit du protocole de transfert d'informations sur lequel repose tout l'Internet. Le protocole TCP/IP est une surcouche du protocole IP (et le protocole HTTP, par exemple, est une surcouche du protocole TCP/IP).

Lecteur

Il s'agit du nom donné par Windows aux différents périphériques se voyant assigner une lettre (par exemple le lecteur C: représente la première partition du premier disque dur du système).

Linux

Système d'exploitation Unix gratuit.

Mac OS X

Système d'exploitation Mac basé sur un noyau Unix.

Master Only

voir Single.

Master with Slave

angl. Mode de configuration du disque dur principal d'un canal IDE équipé de deux disques durs.

MBR

Master Boot Record. Secteur d'amorce du disque dur. C'est le MBR qui contient les programmes de chargement du système d'exploitation. Certains virus contaminent le système en infectant le MBR.

Mega-octets

Un Mega-octets correspond à 1 024 Kilo-octets, soit 1 048 176 octets.

MS-DOS

Microsoft DOS.

Noms longs

Windows 95 a introduit les noms de fichiers longs, permettant ainsi de dépasser la limitation imposée par le DOS.

Octet

Un octet est un groupement de 8 bits et donne 256 possibilités différentes.

OSR2

Original Service Release 2. La deuxième version de Windows 95, c'est-à-dire Windows 95b, est plus connue sous le nom de « Windows 95 OSR2 ». Il s'agit d'une mise à jour majeure de Windows 95, nettement plus stable que la première version.

Partition

Les partitions sont les pistes d'un disque dur. Un disque dur contient au minimum une partition.

Partition active

Partition que l'ordinateur utilise au démarrage pour aller chercher les fichiers du système d'exploitation.

Passerelle

La passerelle est l'ordinateur ou le périphérique (tel un routeur) utilisé pour accéder à un réseau, tel Internet.

Patch

Afin de corriger les bogues ou les problèmes de sécurité de leurs programmes, les éditeurs sortent régulièrement des « patchs ». Un patch est une sorte de rustine qu'on vient coller sur le système ou sur le programme à corriger.

PC DOS

Version du DOS commercialisée par IBM.

Pilote (de périphérique)

Programme signalant au système d'exploitation la présence et les caractéristiques d'un périphérique. On parle également de « gestionnaire » de périphérique.

Prompt

Invite du DOS.

Racine

Encore appelée « répertoire principal », la racine est le répertoire se trouvant au sommet de l'arborescence d'un disque dur. Dans le cas du DOS et de Windows, la racine de la première partition du premier disque dur est le lecteur C:.

Redirection

La redirection consiste à utiliser la sortie d'une commande comme entrée pour une autre commande.

Répertoire

Emplacement dans lequel sont placés les fichiers. Un répertoire peut également contenir des sous-répertoires capables, à leur tour, de contenir des fichiers et des sous-répertoires.

Répertoire racine

voir Racine.

Route

L'ensemble des routeurs empruntés par un paquet d'informations pour aller d'un ordinateur à un autre.

Single

angl. Mode de configuration d'un disque dur se trouvant seul sur un câble IDE.

Slave

angl. Mode de configuration du second disque dur d'un canal IDE.

Sortie standard

Sortie sur laquelle les commandes du DOS envoient leurs informations. La sortie standard est, par défaut, l'écran mais les symboles de redirection permettent de modifier ce comportement.

Underscore

angl. Nom correspondant au caractère « _ ».

Volume

Nom donné par le DOS et par Windows à certains disques.

Index
Table des matières

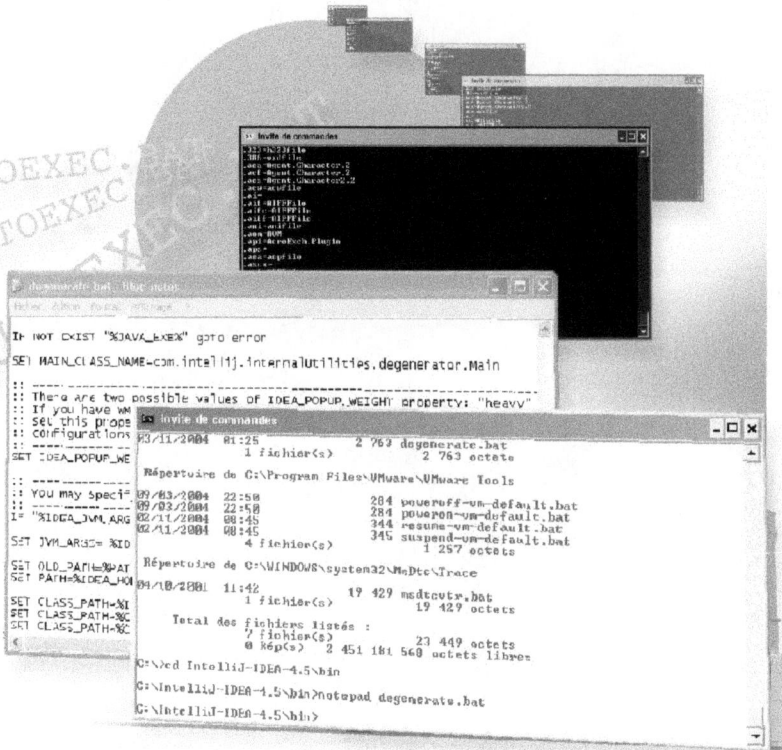

INDEX

TABLE DES MATIÈRES

www.ingramcontent.com/pod-product-compliance
Lightning Source LLC
Chambersburg PA
CBHW080519220326
41599CB00032B/6130